普通高等院校计算机类专业精品教材

数据库原理与应用实践教程

赵永霞　高翠芬　涂洪涛　编著

华中科技大学出版社
中国·武汉

内 容 提 要

本书全面介绍了数据库系统的基本概念、基本原理和基本应用,内容包括数据库系统概论、关系数据库、关系数据库设计理论、数据库设计、关系数据库标准语言 SQL、数据库保护和 SQL Server 2012 数据库上机实验指导。

本书以阐明数据库理论基础、培养数据库开发能力为目标,既介绍原理又介绍应用。所介绍的技术以实用为本,学以致用,并且反映数据库技术的最新发展。本书叙述严谨,循序渐进,并配以大量精选的典型习题和实验指导,使读者充分掌握"数据库原理及应用"课程讲授的技巧与方法,深化对基本概念的理解,切实提高分析问题和解决问题的能力。

本书内容丰富,习题与实验覆盖面广,不仅可以作为计算机专业本、专科"数据库原理及应用"课程的教学参考书,也可供广大从事信息领域工作的技术人员参考。

图书在版编目(CIP)数据

数据库原理与应用实践教程/赵永霞,高翠芬,涂洪涛编著. —武汉:华中科技大学出版社,2014.7
普通高等院校计算机类专业精品教材
ISBN 978-7-5680-0228-8

Ⅰ. ①数… Ⅱ. ①赵… ②高… ③涂… Ⅲ. ①数据库系统-高等学校-教材 Ⅳ. ①TP311.13

中国版本图书馆 CIP 数据核字(2014)第 155230 号

数据库原理与应用实践教程	赵永霞　　高翠芬　　涂洪涛　编著

策划编辑:谢燕群
责任编辑:陈元玉
封面设计:范翠璇
责任校对:马燕红
责任监印:周治超
出版发行:华中科技大学出版社(中国·武汉)
　　　　　武昌喻家山　邮编:430074　电话:(027)81321915
录　　排:武汉金睿泰广告有限公司
印　　刷:武汉鑫昶文化有限公司
开　　本:787mm×1092mm　1/16
印　　张:13
字　　数:307千字
版　　次:2017年2月第1版第2次印刷
定　　价:27.80元

华中出版

前　言

数据库技术是计算机科学技术中发展最快的领域之一，也是应用最广泛的技术之一，它已成为计算机信息系统与应用系统的核心技术和重要基础。"数据库原理及应用"是计算机科学与技术专业的专业课程之一，考虑到数据库系统是一门理论性和应用性都很强的课程，为了便于教师对本门课程的教学和学生对知识的掌握，特别是为了鼓励学生努力学习和勤于思考，我们总结了这些年来从事数据库系统理论与实践教学的经验，力图从一个新颖的角度、合适的切入点对数据库系统各方面的知识进行介绍，由浅入深、循序渐进地探讨数据库的基本原理和应用技术。

本书共分为两大部分。第一部分包括 6 章：数据库系统概论、关系数据库、关系数据库设计理论、数据库设计、关系数据库标准语言 SQL 和数据库保护。每一章分为内容提要、例题解析、习题和习题答案。内容提要部分简明扼要，指出读者应重点掌握的内容；例题解析部分通过对例题的分析评注等，开拓读者的解题思路；在此基础上又配以大量习题供读者熟练掌握学习内容；习题部分还附有答案。第二部分包括 12 个实验：数据库的使用、创建和修改数据表、单表数据查询、多表数据查询、视图、索引、数据完整性、存储过程、触发器、数据库的备份恢复与导入 / 导出、数据库的安全性、配置数据源（DNS）。

本书以简明易懂的语言阐述深刻内容，再配以大量经过精心筛选的习题和实验，不仅可以方便老师教学，也便于学生自学。相信通过本书的学习，学生能够尽快地掌握数据库系统的理论和技术，进入数据库管理系统的应用和开发的高级阶段，在正确理解数据库原理的基础上，熟练掌握主流数据库管理系统 SQL Server 的应用技术及数据库应用系统的设计和开发能力。

本书由赵永霞、高翠芬和涂洪涛编著，由赵永霞修改定稿。赵永霞、高翠芬为武昌理工学院教师，涂洪涛为武汉软件工程职业学院教师。

由于作者水平有限，书中错误在所难免，敬请广大读者和专家批评指正。

编　者
2014年6月于武汉

目 录

第1部分 典型题解析

1 数据库系统概论 2

1.1 内容提要 2

    1.1.1 数据库、数据库管理系统和数据库系统的定义 2

    1.1.2 数据管理技术的发展阶段 2

    1.1.3 数据模型 3

    1.1.4 概念数据模型和结构数据模型 3

    1.1.5 数据库的体系结构 4

    1.1.6 数据库管理系统 5

    1.1.7 数据库系统 5

  1.2 例题解析 5

  1.3 习题 10

  1.4 习题答案 15

2 关系数据库 21

  2.1 内容提要 21

    2.1.1 基本概念 21

    2.1.2 关系代数 22

  2.2 例题解析 23

  2.3 习题 26

  2.4 习题答案 32

3 关系数据库设计理论 35

  3.1 内容提要 35

    3.1.1 函数依赖的概念及属性间存在的各种函数依赖 35

    3.1.2 1NF、2NF、3NF和BCNF的概念 35

    3.1.3 一个关系规范化为所要求级别的方法 36

  3.2 例题解析 37

  3.3 习题 39

  3.4 习题答案 46

4　数据库设计 50

  4.1　内容提要 50

    4.1.1　数据库设计的概念 50

    4.1.2　数据库设计的基本步骤 50

    4.1.3　需求分析阶段的任务 51

    4.1.4　需求分析的基本步骤 52

    4.1.5　概念结构设计阶段和逻辑结构设计阶段的要求以及它们的实现方法 ... 52

    4.1.6　物理结构设计阶段的内容 53

    4.1.7　数据库的实现和维护方法 54

  4.2　例题解析 54

  4.3　习题 56

  4.4　习题答案 62

5　关系数据库标准语言SQL 70

  5.1　内容提要 70

    5.1.1　SQL数据库的体系结构及SQL的特点 70

    5.1.2　SQL的数据定义、SQL模式、基本表和索引的创建和撤销 70

    5.1.3　SQL的数据查询 71

    5.1.4　SQL的数据更新：插入、删除和修改语句 73

    5.1.5　视图的创建和撤销，对视图更新操作的限制 74

    5.1.6　数据控制的概念和使用 75

  5.2　例题解析 75

  5.3　习题 82

  5.4　习题答案 89

6　数据库保护 101

  6.1　内容提要 101

    6.1.1　事务的4个性质 101

    6.1.2　数据库完整性与安全性的区别 101

    6.1.3　数据库的安全性措施 101

    6.1.4　数据库安全性级别 102

    6.1.5　保护数据库完整性的方法 102

    6.1.6　并发控制 102

    6.1.7　死锁的定义与检测方法及预防和解决死锁的方法 103

    6.1.8　数据库故障的种类与恢复方法 103

  6.2　例题解析 103

  6.3　习题 105

  6.4　习题答案 109

第2部分 上 机 实 验

7 实验1：数据库的使用 114

　7.1 实验目的 114

　7.2 实验内容 114

　7.3 实验步骤 114

　7.4 思考与练习 119

8 实验2：创建和修改数据表 120

　8.1 实验目的 120

　8.2 实验内容 120

　8.3 实验步骤 120

　8.4 思考与练习 124

9 实验3：单表数据查询 125

　9.1 实验目的 125

　9.2 实验内容 125

　9.3 实验步骤 125

　9.4 思考与练习 129

10 实验4：多表数据查询 130

　10.1 实验目的 130

　10.2 实验内容 130

　10.3 实验步骤 130

　10.4 思考与练习 136

11 实验5：视图 137

　11.1 实验目的 137

　11.2 实验内容 137

　11.3 实验步骤 137

　11.4 思考与练习 141

12 实验6：索引 142

　12.1 实验目的 142

　12.2 实验内容 142

　12.3 实验步骤 142

　12.4 思考与练习 150

13 实验7：数据完整性 151

　13.1 实验目的 151

13.2 实验内容 151

13.3 实验步骤 151

13.4 思考与练习 157

14 实验8：游标和存储过程 158

14.1 实验目的 158

14.2 实验内容 158

14.3 实验步骤 158

14.4 思考与练习 165

15 实验9：触发器 166

15.1 实验目的 166

15.2 实验内容 166

15.3 实验步骤 166

15.4 思考与练习 169

16 实验10：数据库的备份恢复与导入/导出 170

16.1 实验目的 170

16.2 实验内容 170

16.3 实验步骤 170

16.4 思考与练习 180

17 实验11：数据库的安全性 181

17.1 实验目的 181

17.2 实验内容 181

17.3 实验步骤 181

17.4 思考与练习 194

18 实验12：配置数据源——DNS 195

18.1 实验目的 195

18.2 实验内容 195

18.3 实验步骤 195

18.4 思考与练习 199

参考文献 200

第1部分

典型题解析

1 数据库系统概论

1.1 内容提要

1.1.1 数据库、数据库管理系统和数据库系统的定义

数据库（DB, database）是以一定的数据模型组织和存储、能为多个用户共享、独立于应用程序、相互关联的数据集合。或者可以理解为数据库是一个存放数据的"仓库"。

数据库管理系统（DBMS, database management system）是处理数据库访问的软件，可以把数据库管理系统看成是操作系统的一个特殊用户，数据库管理系统向操作系统申请所需的软、硬件资源，并接受操作系统的控制和调度。DBMS 提供数据库的用户接口。

数据库系统（DBS, database system）是指一个完整的、能为用户提供信息服务的系统。数据库系统是引进数据库技术后的计算机系统。该系统实现了有组织地、动态地存储大量相关数据的功能，提供了数据处理和信息资源共享的便利手段。

1.1.2 数据管理技术的发展阶段

数据管理技术的发展经历了人工管理阶段、文件系统阶段、数据库系统阶段、分布式数据库阶段和面向对象的数据库系统阶段。各阶段的特点如下。

在人工管理阶段，数据与程序不具有独立性。数据由程序自行携带，这就使得程序严重依赖于数据，如果数据类型、格式或数据量、存取方法、输入/输出方式等发生改变，那么程序就要作出相应修改。

在文件系统阶段，数据被组织在一个个独立的数据文件中，每个文件都有完整的体系结构，对数据的操作时按文件名访问。数据之间没有联系，数据文件是面向应用程序的。每个应用程序都拥有并使用自己的数据文件，各数据文件之间难免有许多数据相互重复，数据的冗余度比较大。

在数据库系统阶段，用数据库方式管理大量共享的数据。数据库系统由许多单独文件组成，文件内部具有完整的结构，但数据库系统更注重文件之间的联系。数据库系统中的数据具有共享性。数据库系统是面向整个系统的数据共享而建立的，各个应用的数据集中存储，共同使用，数据库之间联系密切，因而尽可能地避免了数据的重复存储，减少和控制了数据的冗余。

分布式数据库是数据库技术和计算机网络技术结合的产物。由于数据分布在不同位置的计算机上，因此，即使某些计算机出了故障，其他节点计算机也可以正常工作，不会导

致整个数据的破坏。如果进一步采用数据冗余技术，那么整个系统还具有一定的容错能力。

面向对象的数据库系统是出于复杂的数据类型的需要而产生的。随着数据库技术应用领域的进一步拓宽，要求数据库不仅能方便地存储和检索结构化的数字和字符信息，而且可以方便地存储和检索诸如图形、图像等复杂的信息。面向对象的数据库可以像对待一般对象一样存储这些数据与过程，这些对象可以方便地被系统检索。

1.1.3　数据模型

数据模型是描述数据、数据联系、数据语义以及一致性约束的概念工具的集合。或者说，把表示实体及实体之间联系的数据库的数据结构称为数据模型；或者说，我们把数据库系统中所包含的所有记录，按照它们之间的联系组合在一起，构成一个整体，这个整体的结构就称为数据库的数据模型。

1.1.4　概念数据模型和结构数据模型

数据模型可分为概念数据模型和结构数据模型。

概念数据模型也称为"信息模型"。信息模型就是人们为正确直观地反映客观事物及其联系，对所研究的信息世界建立的一个抽象的模型。概念数据模型是独立于计算机系统的模型，完全不涉及信息在系统中的表示，只是用来描述某个特定组织所关心的信息结构。

E-R 数据模型是用来描述现实世界的概念数据模型。描述概念数据模型的方法有很多种，其中 E-R 数据模型是最为著名也是最为常用的数据模型。

可用 E-R 图来表示 E-R 数据模型。E-R 图有三个要素：实体，用矩形表示实体，矩形内标注实体名称；属性，用椭圆表示属性，椭圆内标注属性名称，并用连线与实体连接起来；实体之间的联系，用菱形表示，菱形内注明联系名称，并用连线将菱形框分别与相关实体相连，并在连线上注明联系类型（1：1、1：n 或 m：n）。

结构数据模型直接面向数据库的逻辑结构，是现实世界的第二层抽象，这类模型涉及计算机系统和数据库管理系统。该模型主要有层次数据模型、网状数据模型、关系数据模型等。

关系数据模型是结构数据模型中最为重要的数据模型。实体和联系均用二维表来表示的数据模型称为关系数据模型，其主要特征是，用二维表结构表示实体集，用外键表示实体间的联系。

关系数据模型的性质如下。
- 关系中的每一列属性都是不能再分的基本字段，即不允许表中有表。
- 各列被指定一个相异的名字。
- 各行不允许重复。
- 行、列次序无关紧要。

E-R 数据模型到关系数据模型的转化规则如下。
- 当从独立实体向关系数据模式转化时，将实体码转化为关系表的关键属性，其他属性转化为关系表的属性即可。

- 当从1:1联系向关系数据模式转化时，在原来两个实体关系表中各自增加一个外来键，也就是在现有属性的基础上，增加对方关系的主键，作为外来键即可。
- 当从1:n联系向关系数据模式转化时，单方不变，在多方实体类型表中增加一个属性，将对方的关键字作为外来码处理即可。
- 当从m:n联系向关系数据模式转化时，原有的实体关系表不变，再单独建立一个关系表，分别用两个实体的关键属性作为外来键即可。

关系数据模型涉及如下基本概念。

1. 关系

对应于关系模式的一个具体的表称为关系（relation），又称表（table）。

2. 关系模式

二维表的表头那一行称为关系模式（relation scheme），又称表的框架或记录类型，是对关系的描述。

关系模式可以表示为关系模式名（属性名 1，属性名 2，…，属性名 n）的形式。例如：学生（学号，姓名，性别，出生日期，籍贯）。

3. 记录

关系中的每一行称为关系的一个记录（record），又称行（row）或元组。

4. 属性

关系中的每一列称为关系的一个属性（attribute），又称列（column）。给每一个属性起一个名称即属性名。

5. 变域

关系中的每一属性所对应的取值范围称为属性的变域（domain），简称域。

6. 主键

如果关系模式中的某个或某几个属性组成的属性组能唯一地标识对应于该关系模式关系中的任何一个记录，则这样的属性组为该关系模式及其对应关系的键。当这样的键有多个的时候，我们可以选取一个作为主键（primary key）。

7. 外键

如果关系 R 的某一属性组不是该关系本身的主键，而是另一关系的主键，则称该属性组是 R 的外键（foreign key）。

面向对象数据模型的功能是对面向对象数据库的描述。

1.1.5　数据库的体系结构

从数据库管理系统的角度看，数据库系统结构通常采用三级模式结构，即内模式、概念模式、外模式的结构。

数据库系统的三级模式分别是对数据的三个抽象级别，该模式把数据的具体组织留给数据库管理系统管理，使用户能够逻辑地处理数据，而不必关心数据在计算机中的具体表示方式和存储方式。为了能够在内部实现这三个抽象层次的联系和转换，数据库管理系统在这三级模式之间提供了如下两层映射。

- "外模式概念模式"之间的映射。
- "概念模式/内模式"之间的映射。

数据库系统的独立性正是由这两层映射关系完成的，它们保证了数据库系统中的数据具有较高的逻辑独立性和物理独立性。

1.1.6 数据库管理系统

数据库管理系统（DBMS）是指数据库系统的核心软件。对数据库的一切操作都是通过 DBMS 进行的。用户对数据库进行操作，是由 DBMS 把操作从应用程序带到外模式、模式，再导向内模式，进而操作存储器中的数据来实现的。DBMS 的主要目的是提供一个可以方便地、有效地存取数据库信息的环境。

DBMS 的主要功能有数据库的定义功能、数据库的操纵功能、数据库的保护功能、数据库的存储管理功能、数据库的维护功能和数据字典功能等。

DBMS 由查询处理器和存储管理器两大部分组成。

1.1.7 数据库系统

数据库系统是数据库、硬件、软件和数据库管理员（DBA）的集合体。该集合体是一个实际可运行的，按照数据库方式存储、维护和向应用系统提供信息或数据支持的计算机系统。该系统的目标是存储信息并支持用户检索和更新所需要的信息。

从构件角度看，数据库系统由硬件、软件等五大部分组成。

从数据库管理系统的角度看，数据库系统结构通常采用三级模式结构。

从最终用户的角度看，数据库的系统结构可以分为集中式结构、分布式结构、客户端 / 服务器结构和并行结构。这也是数据库系统外部的体系结构。

1.2 例题解析

1. 数据库的概念数据模型独立于（　　）。

　　A．具体的机器和 DBMS　　　　　　　B．E-R 图
　　C．信息世界　　　　　　　　　　　　D．现实世界

解：概念数据模型侧重于表达建模对象之间联系的语义，该模型是一种独立于计算机系统的模型，是现实世界的第一层次的抽象，是用户和数据库设计人员进行交流的工具。本题答案为 A。

2. 数据库中，数据的物理独立性是指（　　）。

　　A．数据库与数据库管理系统的相互独立
　　B．用户程序与 DBMS 的相互独立
　　C．用户的应用程序与存储在磁盘上的数据库中的数据是相互独立的
　　D．应用程序与数据库中数据的逻辑结构相互独立

解：数据的独立性是指应用程序和数据之间相互独立，即数据结构的修改不会引起应

用程序的修改。数据独立性包括逻辑独立性和物理独立性两个方面。数据的物理独立性是指数据的存储结构或存取方法的修改不会引起应用程序的修改。本题答案为 C。

3. 数据库技术采用分级方法将数据库的结构划分成多个层次，是为了提高数据库的 ①（　）和②（　）。

①A. 数据规范性　　　　　　　　　B. 数据独立性
　C. 管理规范性　　　　　　　　　D. 数据的共享
②A. 数据独立性　　　　　　　　　B. 物理独立性
　C. 逻辑独立性　　　　　　　　　D. 管理规范性

解：数据库系统通常采用三级模式结构并提供两级映像功能，其中的外模式/模式映像保证了数据库系统具有较高的逻辑独立性，而模式/内模式映像保证了数据库系统具有较高的物理独立性。本题答案为① B，② B。

4. 在数据库系统中，通常用三级模式结构来描述数据库，其中①（　）是用户与数据库的接口，是应用程序可以见到的数据描述，②（　）是对数据整体的③（　）的描述，而④（　）描述了数据的⑤（　）。

A. 外模式　　　　　　B. 概念模式　　　　　　C. 内模式
D. 逻辑结构　　　　　　E. 层次结构　　　　　　F. 物理结构

解：数据库系统通常采用外模式、概念模式和内模式三级模式结构。外模式是对数据库用户所看到的局部数据逻辑结构和特征的描述；概念模式是对 DBA 所看到的全局数据逻辑结构和特征的描述；内模式是对系统程序员所看到的数据物理结构和存储方式的描述。本题答案为① A，② B，③ D，④ C，⑤ F。

5. 在数据库的体系结构中，数据库存储结构的改变会引起内模式的改变。为使数据库的模式保持不变，从而不必修改应用程序，必须改变模式与内模式之间的映像。这样，使数据库具有（　）。

A. 数据独立性　　　　　　　　　B. 逻辑独立性
C. 物理独立性　　　　　　　　　D. 操作独立性

解：数据库中的数据具有物理独立性，可以使数据库存储结构发生改变，应用程序不必修改。本题答案为 C。

6. 什么是数据独立性？数据库系统如何实现数据独立性？数据独立性可以带来什么好处？

解：数据独立性是指应用程序和数据之间相互独立、不受影响，即数据结构的修改不会引起应用程序的修改的性质。数据独立性包括物理独立性和逻辑独立性。物理独立性是指数据库物理结构改变时不必修改现有的应用程序的性质。逻辑独立性是指数据库逻辑结构改变时不用改变应用程序的性质。

数据独立性是由 DBMS 的二级映像功能来实现的。数据库系统通常采用外模式、概念模式和内模式三级结构，数据库管理系统在这三级模式之间提供了外模式/模式和模式/内模式两层映像。当整个系统要求改变模式（增加记录类型、增加数据项）时，由 DBMS 对各个外模式/模式的映像做相应改变，使无关的外模式保持不变，而应用程序是依据数据库的外模式编写的，所以应用程序不必修改，从而保证了数据的逻辑独立性。当数据的存储结构改变时，由 DBMS 对模式 / 内模式映像做相应改变，可以使模式不变，从而应用程序也不必改变，保证了数据的物理独立性。

数据独立性的好处：①减轻了应用程序的维护工作量；②对同一数据库的逻辑模式可以建立不同的用户模式，从而提高了数据的共享性，使数据库系统有较好的可扩充性，给 DBA 维护、改变数据库的物理存储提供了方便。

7. 为某百货公司设计一个 E-R 数据模型。

百货公司管辖若干连锁商店，每家商店经营若干商品，每家商店有若干职工，但每个职工只能服务于一家商店。

实体类型"商店"的属性有商店号、店名、店址、店经理。实体类型"商品"的属性有商品号、品名、单价、产地。实体类型"职工"的属性有职工号、姓名、性别、工资。在联系中应反映出职工在某商店工作的开始时间、商店销售商品的月销售量。

试绘出反映商店、商品、职工实体类型及其联系类型的 E-R 图，并将其转换成关系模式集。

解：E-R 图如图 1-1 所示。

转换的关系模式如下：

职工（职工号，姓名，性别，工资，商店号，开始时间）；

商店（商店号，店名，店址，店经理）；

商品（商品号，品名，单价，产地）；

经营（商店号，商品号，月销售量）。

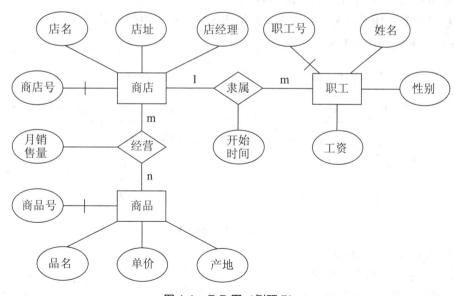

图 1-1　E-R 图（例题 7）

8. 设有"产品"实体集，包含属性"产品号"和"产品名"；有"零件"实体集，包含属性"零件号"和"规格型号"。每一产品可能由多种零件组成，有的通用零件用于多种产品，有的产品需要一定数量的同类零件，因此存在产品的组织联系。

(1) 试绘出 E-R 图，并指出其联系类型是 1：1、1：n，还是 m：n。

(2) 将 E-R 图转换为关系模式，并给出各关系模式中的主码。

解：(1)E-R 图如图 1-2 所示。"产品"与"零件"两个实体集之间的联系类型是 m：n。

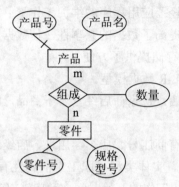

图 1-2　E-R 图（例题 8）

(2) 转换的关系模式如下。

产品（产品号，产品名），主码是"产品号"。

零件（零件号，规格型号），主码是"零件号"。

组成（产品号，零件号，数量），主码是"产品号""零件号"。

9. 在著书工作中，一位作者可以编写多本图书，一本书也可以由多位作者合写。设作者的属性有作者号、姓名、单位、电话；书的属性有书号、书名、出版社、日期。试完成以下两题：

(1) 根据这段话的意思，试绘出其 E-R 图。

(2) 将这个 E-R 图转换为关系模式，并给出各关系模式中的主码。

解：(1)E-R 图如图 1-3 所示。

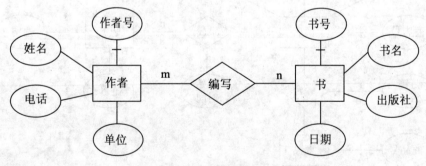

图 1-3　E-R 图（例题 9）

(2) 转换的关系模式如下：

作者（作者号，姓名，单位，电话），主码是"作者号"。

书（书号，书名，出版社，日期），主码是"书号"。

编写（作者号，书号），主码是"作者号""书号"。

10. 将图 1-4 所示的 E-R 图转换为关系模式。

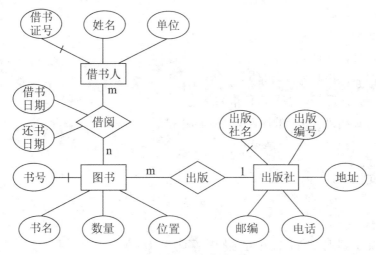

图 1-4　E-R 图（例题 10）

解：转换后的一组关系模式如下：

借书人（<u>借书证号</u>，姓名，单位）；

图书（<u>书号</u>，书名，数量，位置，出版社名）；

出版社（<u>出版社名</u>，出版编号，电话，邮编，地址）；

借阅（<u>借书证号</u>，<u>书号</u>，借书日期，还书日期）。

其中，带下画线"___"的属性为关系的主键。

11. 将图 1-5 所示的 E-R 图转换为关系模式。

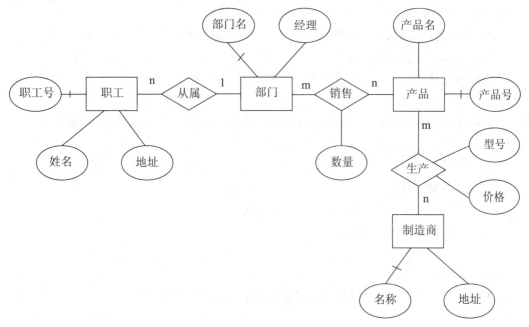

图 1-5　E-R 图（例题 11）

解：根据 E-R 图到关系模式的转换规则，可以得到以下一组关系模式：

职工（<u>职工号</u>，部门名，姓名，地址）；

部门（<u>部门名</u>，经理）；

产品（<u>产品号</u>，产品名）；

制造商（<u>名称</u>，地址）；

销售（<u>部门名</u>，<u>产品号</u>，数量）；

生产（<u>名称</u>，<u>产品号</u>，型号，价格）。

其中，带下画线"＿＿"的属性为关系的主键。

1.3 习题

一、选择题

1. 现实世界中客观存在并能相互区别的事物为（ ）。

　　A．实体　　　　　　B．实体集　　　　C．字段　　　　　　D．记录

2. 现实世界中事物的特征在信息世界中称为（ ）。

　　A．实体　　　　　　B．实体标识符　　C．属性　　　　　　D．关键码

3. 下列实体类型的联系中，属于一对一联系的是（ ）。

　　A．教研室对教师的所属联系　　　　　B．父亲对孩子的亲生联系

　　C．省对省会的所属联系　　　　　　　D．供应商与工程项目的供货联系

4. 采用二维表格结构表达实体类型及实体间联系的数据模型是（ ）。

　　A．层次模型　　　B．网状模型　　　　C．关系模型　　　D．实体联系模型

5. DB、DBMS、DBS 三者之间的关系是（ ）。

　　A．DB 包括 DBMS 和 DBS　　　　　　B．DBS 包括 DB 和 DBMS

　　C．DBMS 包括 DB 和 DBS　　　　　　D．DBS 与 DB 和 DBMS 无关

6. 数据库系统中，用（ ）描述全部数据的整体逻辑结构。

　　A．外模式　　　　B．存储模式　　　　C．内模式　　　　　D．概念模式

7. 数据库系统中，用户使用的数据视图用（ ）描述，该视图是用户与数据库系统之间的接口。

　　A．外模式　　　　B．存储模式　　　　C．内模式　　　　　D．概念模式

8. 物理数据独立性是指（ ）。

　　A．概念模式改变，外模式和应用程序不变

　　B．概念模式改变，内模式不变

　　C．内模式改变，概念模式不变

　　D．内模式改变，外模式和应用程序不变

9. 数据库系统中，负责物理结构与逻辑结构的定义和修改的人员是（ ）。

　　A．数据库管理员　　　　　　　　　　B．专业用户

　　C．应用程序员　　　　　　　　　　　D．最终用户

10. 数据库系统中，使用专用的查询语言操作数据的人员是（ ）。

　　A．数据库管理员　　B．专业用户　　　C．应用程序员　　　D．最终用户

11. 存储在计算机外部存储介质上的结构化的数据集合，其英文名称是（　　）。

    A. data dictionary（简写为 DD）

    B. database System（简写为 DBS）

    C. database（简写为 DB）

    D. database Management System（简写为 DBMS）

12. 在数据库中，下列说法不正确的是（　　）。

    A. 数据库避免了一切数据的重复

    B. 若系统是完全可以控制的，则系统可以确保更新时的一致性

    C. 数据库中的数据可以共享

    D. 数据库减少了数据冗余

13. 在数据库中存储的是（　　）。

    A. 数据　　　　　　　　　　　　B. 数据模型

    C. 数据及数据之间的联系　　　　D. 信息

14. 在数据库中，产生数据不一致的根本原因是（　　）。

    A. 数据存储量大　　　　　　　　B. 没有严格保护数据

    C. 未对数据进行完整性控制　　　D. 数据冗余

15. 数据库管理系统是（　　）。

    A. 一个完整的数据库应用系统　　B. 一组硬件

    C. 一组系统软件　　　　　　　　D. 既有硬件，也有软件

16. 数据模型是（　　）。

    A. 文件的集合　　　　　　　　　B. 记录的集合

    C. 数据的集合　　　　　　　　　D. 记录及其联系的集合

17. 数据库的三级模式之间存在的映像关系正确的是（　　）。

    A. 外模式 / 内模式　　　　　　　B. 外模式 / 模式

    C. 内模式 / 模式　　　　　　　　D. 模式 / 模式

18. DB 的三级模式结构中最接近外部存储器的是（　　）。

    A. 子模式　　　　B. 外模式　　　　C. 概念模式　　　　D. 内模式

19. 数据模型的三要素是（　　）。

    A. 外模式、模式和内模式

    B. 关系模型、层次模型、网状模型

    C. 实体、属性和联系

    D. 数据结构、数据操作和完整性约束

20. 数据库三级模式中，真正存在的是（　　）。

    A. 外模式　　　　B. 子模式　　　　C. 模式　　　　D. 内模式

21. 在数据库技术中，面向对象数据模型是一种（　　）。

    A. 概念模型　　　B. 结构模型　　　C. 物理模型　　　D. 形象模型

22. E-R 图的三要素是（ ）。

    A. 实体、属性、实体集   B. 实体、键、联系

    C. 实体、属性、联系   D. 实体、域、候选键

23. 概念设计的结果是（ ）。

    A. 一个与 DBMS 相关的概念模式   B. 一个与 DBMS 无关的概念模式

    C. 数据库系统的公用视图   D. 数据库系统的数据词典

24. 所谓概念模型，指的是（ ）。

    A. 客观存在的事物及其相互联系

    B. 将信息世界中的信息数据化

    C. 实体模型在计算机中的数据化表示

    D. 现实世界到机器世界的一个中间层次，即信息世界

25. 如果采用关系数据库实现应用，在数据库的逻辑设计阶段需将（ ）转换为关系数据模型。

    A. E-R 模型   B. 层次模型   C. 关系模型   D. 网状模型

26. 数据库系统的数据共享是指（ ）。

    A. 多个用户共享一个数据文件

    B. 多个用户共享同一种语言共享数据

    C. 多种应用、多种语言、多个用户相互覆盖地使用数据集合

    D. 同一个应用的多个程序共享数据

27. 数据库管理系统中用于定义和描述数据库逻辑结构的语言称为（ ）。

    A. DDL   B. SQL   C. DML   D. QBE

28. 在数据库系统中，"数据独立性"和"数据联系"这两个概念之间的联系是（ ）。

    A. 没有必然的联系   B. 同时成立或不成立

    C. 前者涵盖后者   D. 后者涵盖前者

29. 应用数据库的主要目的是（ ）。

    A. 解决保密问题   B. 解决数据完整性问题

    C. 共享数据问题   D. 解决数据量大的问题

30. DBS 是采用了数据库技术的计算机系统，DBS 是一个集合体，包含数据库、计算机硬件、软件和（ ）。

    A. 系统分析员   B. 程序员   C. 数据库管理员   D. 操作员

31. 下面列出的数据库管理技术发展的三个阶段中，没有专门的软件对数据进行管理的是（ ）。

    Ⅰ. 人工管理阶段；   Ⅱ. 文件系统阶段；   Ⅲ. 数据库阶段。

    A. Ⅰ和Ⅱ   B. 只有Ⅱ   C. Ⅱ和Ⅲ   D. 只有Ⅰ

32. 下列四项中，不属于数据库系统特点的是（ ）。

    A. 数据共享   B. 数据完整性   C. 数据冗余度高   D. 数据独立性高

33. 数据库系统的数据独立性体现在（ ）。

A. 不会因为数据的变化而影响应用程序

B. 不会因为系统数据存储结构与数据逻辑结构的变化而影响应用程序

C. 不会因为存储策略的变化而影响存储结构

D. 不会因为某些存储结构的变化而影响其他的存储结构

34. 描述数据库全体数据的全局逻辑结构和特性的是（ ）。

A. 模式　　　　　B. 内模式　　　　　C. 外模式　　　　　D. 用户模式

35. 要保证数据库的数据独立性，需要修改的是（ ）。

A. 模式与外模式　　　　　　　　B. 模式与内模式

C. 三层之间的两种映射　　　　　D. 三层模式

36. 要保证数据库的逻辑数据独立性，需要修改的是（ ）。

A. 模式与外模式的映射　　　　　B. 模式与内模式之间的映射

C. 模式　　　　　　　　　　　　D. 三层模式

37. 用户或应用程序看到的那部分局部逻辑结构和特征的描述是（ ），该部分是模式的逻辑子集。

A. 模式　　　　　B. 物理模式　　　　　C. 子模式　　　　　D. 内模式

38. 下述（ ）不是 DBA 的职责。

A. 完整性约束说明　　　　　　　B. 定义数据库模式

C. 保证数据库安全　　　　　　　D. 数据库管理系统设计

二、填空题

1. 数据库中存储的基本对象是_____。

2. 数据库系统与文件管理系统相比较，数据的冗余度_____，数据共享性_____。

3. 数据管理技术的发展，与_____、_____和_____有密切的联系。

4. 数据模型应当满足_____、_____和_____三方面的要求。

5. 现实世界中，事物的个体在信息世界中称为_____，在机器世界中称为_____。

6. 现实世界中，事物的每一个特征在信息世界中称为_____，在机器世界中称为_____。

7. 对现实世界进行第一层抽象的模型，称为_____模型；对现实世界进行第二层抽象的模型，称为_____模型。

8. 能唯一标识实体的属性集，称为_____。

9. 最著名、最为常用的概念模型是_____。

10. 数据模型的三要素包含数据结构_____、_____和_____三部分。

11. 在 E-R 图中，用_____框表示实体类型，用_____框表示联系类型，用_____框表示实体类型和联系类型的属性。

12. DBS 中最重要的软件是_____；最重要的用户是_____。

13. 采用了_____技术的计算机系统称为 DBS。

14. DBS 中，使用应用程序对数据库进行操作的人员，称为_____。

15. DBA 和 DBMS 的界面是_____；专业用户和 DBMS 的界面是_____。

16. DBMS 是指____，DBMS 是位于____和____之间的一层管理软件。

17. 数据库的三级模式结构是对____的三个抽象级别。

18. 在 DB 的三级模式结构中，数据按____的描述提供给用户，按____的描述存储在磁盘中，而____提供了连接这两级的相对稳定的中间节点，并使得两级中的任何一级的改变都不受另一级的牵制。

19. 数据独立性是指____与____是相互独立的。

20. 数据独立性又可以分为____和____。

21. 数据独立性使得修改 DB 结构时尽量不影响已有的____。

22. 独立于计算机系统，只用于描述某个特定组织所关心的信息结构的模型，称为____；直接面向数据库的逻辑结构的模型，称为____。

23. DBA 有两个很重要的工具：____和____。

24. 现实世界的事物反映到人的头脑中经过思维加工成数据，这一过程要经过三个领域，依次是____、____和____。

25. 实体之间的联系可以抽象为三类，它们是____、____和____。

26. 数据冗余可能导致的问题有____和____。

27. 两个实体之间的联系有____、____、____三种。

28. 实体集读者与图书馆之间具有____联系。

29. 实体集父亲与子女之间有____联系。

三、问答题

1. 试述数据库系统三级模式结构，其优点是什么？

2. 什么是数据库的逻辑独立性？什么是数据库的物理独立性？为什么数据库系统具有数据与程序的独立性？

3. 数据库系统由哪几部分组成？

4. DBA 的职责是什么？

5. 数据库管理系统有哪些功能？

6. 什么是数据？数据的表现形式是什么？

7. 使用数据库系统有什么好处？

8. 什么是数据冗余？数据库系统与文件系统相比，怎样减少数据冗余？

四、综合题

1. 试给出三个实际部门的 E-R 图，要求实体之间具有一对一、一对多、多对多等各种不同的联系。

2. 学校有若干个系，每个系有若干名教师和学生；每名教师可以担任若干门课程，并参加多个项目；每名学生可以同时选修多门课程。试设计某学校的教学管理的 E-R 数据模型，要求给出每个实体、联系的属性。

3. 商业集团数据库中有三个实体集。一是"商店"实体集，属性有商店编号、商店名、地址等；二是"商品"实体集，属性有商品名、商品号、规格、单价等；三是"职工"实体集，属性有职工编号、姓名、性别、业绩等。商店与商品间存在"销售"联系，每个商店可以销售多种商品，每种商品也可以放在多个商店销售，每个商店对于每一种商品，有月销售量；商店与职工间存在着"聘用"联系，每个商店有许多职工，每个职工只能在一个商店工作，商店聘用的职工有聘期和月薪。试绘出 E-R 图，并在图上注明属性、联系的类型。将 E-R 图转换成关系模式，并指出每个关系模式的主键和外键。

1.4　习题答案

一、选择题

1.A；2.C；3.C；4.C；5.B；6.D；7.A；8.C；9.A；10.B；11.C；12.A；13.C；14.D；15.C；16.D；17.B；18.D；19.D；20.D；21.A；22.C；23.B；24.D；25.A；26.C；27.A；28.A；29.C；30.C；31.D；32.C；33.B；34.A；35.C；36.A；37.C；38.D。

二、填空题

1. 数据。

2. 低，高。

3. 硬件，软件，计算机应用。

4. 比较真实地描述现实世界，容易为人所理解，便于在计算机上实现。

5. 实体，记录。

6. 属性，字段（数据项）。

7. 概念，结构（或逻辑）。

8. 码。

9. E-R 数据模型。

10. 数据操纵，完整性约束。

11. 方框，菱形，椭圆。

12. DBMS，DBA。

13. 数据库。

14. 最终用户。

15. 数据库模式，数据库查询。

16. 数据库管理系统，用户，操作系统。

17. 数据。

18. 外模式，内模式，概念模式。

19. 用户的应用程序，存储在外存上的数据库中的数据。

20. 逻辑数据独立性，物理数据独立性。

21. 应用程序。

22. 概念模型，数据模型。

23. 一系列实用程序，DD 系统。

24. 现实世界，信息世界，计算机世界（或数据世界）。

25. 1∶1，1∶n，m∶n。

26. 浪费存储空间及修改麻烦，潜在的数据不一致性。

27. 一对一，一对多，多对多。

28. 多对多。

29. 一对多。

三、问答题

1. 答：数据库系统采用"三级模式和两级映像"，保证了数据库中数据具有较高的逻辑独立性和物理独立性。其优点是，当数据的逻辑结构改变时，用户的程序可以不变。当数据的物理结构改变的，应用程序也可以不变。

2. 答：数据库的逻辑独立性是指用户的应用程序与数据库的逻辑结构是相互独立的，使得当数据的逻辑结构改变的，用户程序可以不变。数据库的物理独立性是指用户的应用程序与存储在磁盘上的数据是相互独立的，使得当数据的物理结构改变时，应用程序也可以不变。数据库系统的三级模式是对数据的三个抽象级别，将数据的具体组织留给 DBMS 管理，使用户能逻辑地、抽象地组织数据，而不关心数据在计算机上的具体表示方式和存储方式。为了能够在内部实现三个抽象层次的联系和转换，数据库系统在三级模式之间提供了两级映像：外模式 / 模式的映像、模式 / 内模式的映像。

3. 答：数据库系统是指引入了数据库的计算机系统，由硬件平台、数据库、DBMS（及其开发工具）、应用系统、DBA 和用户组成。

4. 答：DBA 的职责是：决定数据库中的信息内容和信息结构；决定数据库的存储结构和存取策略；定义数据的安全性和完整性约束条件；监控数据库的使用和运行；数据库的改造和重组重构。

5. 答：DBMS 是位于操作系统与用户之间的一个数据管理软件，该软件的主要功能包括以下几个方面。

（1）数据库定义功能。

DBMS 提供数据描述语言（DDL），用户可以通过 DBMS 来定义数据。

（2）数据库操纵功能。

DBMS 还提供数据操纵语言（DML），实现对数据库的基本操作：查询、插入、删除和修改。

（3）数据库的运行管理。

这是 DBMS 运行时的核心部分，DBMS 包括并发控制、安全性检查、完整性约束条件的检查和执行、数据库的内容维护等。

（4）数据库的建立和维护功能。

数据库的建立和维护功能具体是指数据库初始数据的输入及转换、数据库的转储与恢复、数据库的重组功能和性能的监视与分析功能。

6. 答：描述事物的符号记录称为数据，数据的表现形式有数字、文字、图形、图像、声音、语言等，它们经过数字化后存入计算机。

7. 答：使用数据库系统的好处如下。

查询迅速、准确，而且可以节约大量纸面文件。

数据结构化，并由数据库管理系统统一管理。

数据冗余度小。

具有较高的数据独立性。

数据的共享性好。

DBMS 还提供了数据的控制功能。

8. 答：数据冗余是指各个数据文件中存在重复的数据。

在文件管理系统中，数据被组织在一个个独立的数据文件中，每个文件都有完整的体系结构，对数据的操作是按文件名访问的。数据文件之间没有联系，数据文件是面向应用程序的。每个应用都拥有并使用自己的数据文件，各数据文件中难免有许多数据相互重复，数据的冗余度比较大。

数据库系统以数据库方式管理大量共享的数据。数据库系统由许多单独文件组成，文件内部具有完整的结构，但数据库系统更注重文件之间的联系。数据库系统中的数据具有共享性。

数据库系统是面向整个系统的数据共享而建立的，各个应用的数据集中存储，共同使用，数据库文件之间联系密切，因而尽可能地避免了数据的重复存储，减少和控制了数据的冗余。

四、综合题

1. 解：飞机航行班次的座位和旅客之间的"乘坐"联系是一个一对一的联系，如图 1-6 所示，其中：

航班（航班号，座位号）；

旅客（身份证号，姓名）。

病房和病人之间的"住院"联系是一个一对多的联系，如图 1-7 所示，其中：

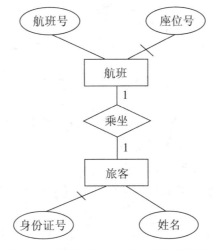

图 1-6　座位和旅客之间的"乘坐"联系

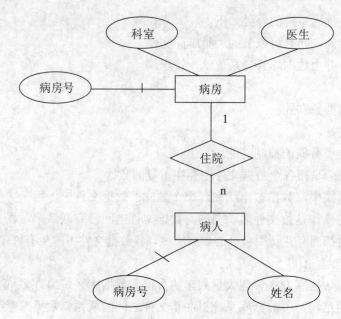

图 1-7 病房和病人之间的"住院"联系

病房（病房号，科室，医生）；

病人（姓名，病房号）。

维修人员和设备之间的"维修"联系是一个多对多的联系，如图 1-8 所示，其中：

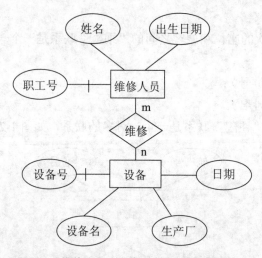

图 1-8 维修人员和设备之间的"维修"联系

维修人员（职工号，姓名，出生日期）；

设备（设备号，设备名，生产厂，日期）。

2. 解：该学校的教学管理 E-R 数据模型有以下实体：系、教师、学生、项目、课程。

(1) 实体的属性如下：

系（系编号，系名，系主任）；

教师（教师编号，教师姓名，职称）；

学生（学号，姓名，性别，班号）；

项目（项目号，名称，负责人）；

课程（课程编号，课程名，学分）。

(2) 各实体之间的联系如下：

教师担任课程的 1 ：n "任课" 联系；

教师参加项目的 n ：m "参加" 联系；

学生选修课程的 n ：m "选修" 联系；

系、教师和学生之间的所属关系的 1 ：m ：n "领导" 联系。

其中 "选修" 联系有一个成绩属性。

对应的 E-R 数据模型如图 1-9 所示。

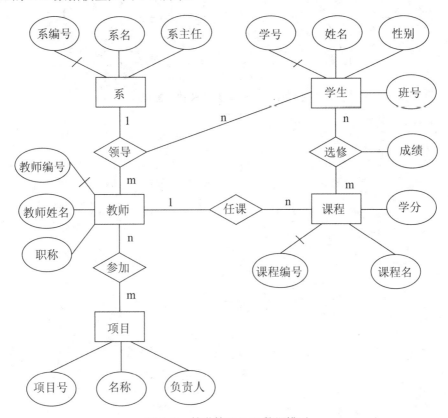

图 1-9　教学管理 E-R 数据模型

3. 解：(1)E-R 图的设计如图 1-10 所示。

(2) 图 1-10 所示模型可转换为以下一组关系模式：

商店（<u>商店编号</u>，商店名，地址）；

职工（<u>职工编号</u>，姓名，性别，业绩，<u>商店编号</u>，聘期，月薪）；

商品（<u>商品号</u>，商品名，规格，单价）；

销售（<u>商店编号</u>，<u>商品号</u>，月销售量）；

其中，带下画线 "___" 的为关系的主键，带波浪线 "～～" 的为关系的外键。

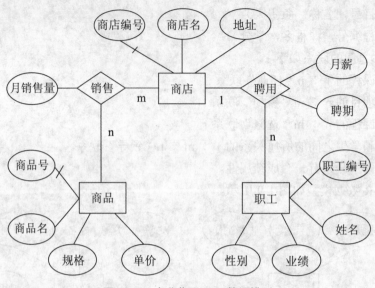

图 1-10   商业集团 E-R 数据模型

2 关系数据库

2.1 内容提要

2.1.1 基本概念

基本概念包括：笛卡儿积、关系、域、属性、元组、关系模式和关键字等概念，以及关系的完整性规则。

1. 笛卡儿积（Cartesian product）（R×S）

参加运算的两个关系 R 和 S 的属性个数以及属性域可以不相同。笛卡儿积的结果也是一个关系，该关系是由 R 中的每一个元组与 S 中的每一个元组分别组合而成的，该结果关系的属性个数是两个关系属性个数之和，结果关系的元组个数是两个关系元组个数之积。

域是在关系数据模型中每个属性的取值范围。

属性对应于关系中的列，也称为字段。

关键字是能唯一标识一个关系的元组的属性或属性集合，该属性（集）称为候选关键字（关键字），简称为键。

2. 关系的完整性规则

实体完整性规则（entity integrity rule）。实体完整性规则规定关系中元组在组成主键的属性上不允许出现空值（NULL）。空值就是"不知道"或"无意义"。关系中的每一行都代表一个实体，而任何实体都应是可以区分的，主键的值正是区分实体的唯一标识。如果出现空值，那么主键值就起不了唯一标识元组的作用。实体完整性的意义在于，如果主键中的属性取空值，就说明存在某个不可标识实体，即存在不可区分的实体，这与关键字的意义相矛盾。

(1) 参照完整性规则（reference integrity rule）。所谓参照完整性规则规定表的外键必须是另一个表主键的有效值，或者是空值。如果外键存在一个值，则这个值必须是另一个表中主键的有效值，也就是说，外键可以没有值，即空值，但不允许是一个无效值。

(2) 用户定义完整性。用户定义完整性就是针对某一具体关系数据库的约束条件，即用户按照实际的数据库运行环境要求，对关系中的数据所定义的约束条件。该条件反映的是某一具体应用所涉及的数据必须满足的条件。系统提供定义和检验这类完整性的机制，以便用统一的方法作出处理，不再由应用程序承担这项工作。

2.1.2 关系代数

关系代数是一种抽象的查询语言，是关系数据操纵语言的一种传统表达方式，是用对关系的运算来表达查询的。任何一种运算都是将运算符作用于一定的运算对象上，得到预期的运算结果的过程。关系代数的运算对象是关系，运算结果也是关系。

关系代数包括传统的集合运算和专门的关系运算。

1. 传统的集合运算

传统的集合运算有并、交、差。当集合运算并、交、差用于关系时，要求参与运算的两个关系必须是同类关系。所谓同类关系是指两个关系的元组的分量个数相同，相应属性取自同一个域。并、交、差这三种运算可以实现表中数据的插入、删除和修改等操作。

（1）并（R ∪ S）。关系 R 和关系 S 的并结果仍是一个关系，该关系由两个关系的所有元组组成，两个关系具有相同的结构。

（2）交（R ∩ S）。关系 R 和关系 S 的交结果仍是一个关系，该关系由两个关系的公共元组组成，要求两个关系具有相同的属性个数以及相同的属性域。

（3）差（R − S）。关系 R 和关系 S 的差结果仍是一个关系，该关系由属于 R 而不属于 S 的元组组成，两个关系具有相同的结构。

2. 专门的关系运算

专门的关系运算有选择、投影、连接和除法运算。这些运算主要用于数据查询服务。

（1）选择（$\sigma_{<条件表达式>}(R)$）。

选择是从一个关系中按照给定的条件选取元组，是对关系的横向选择。其结果关系的属性个数与原关系的属性个数相同，元组个数小于或等于 R 关系的元组个数。

（2）投影（$\pi_A(R)$）。

投影用于对一个关系按要求选取指定的列，投影的结果是一个关系。投影是对关系的纵向选取。

（3）连接。

连接有条件连接和自然连接两类。

①条件连接。

关系 R 和关系 S 的条件连接结果是一个关系，该结果是从两个关系的笛卡儿积中选取满足条件的元组，记为

$$R \underset{i\theta j}{\bowtie} S$$

这里 i 和 j 分别是关系 R 和关系 S 中的第 i 个和第 j 个属性的序号，θ 为算术比较符。当 θ 为等号时，称为等值连接。

②自然连接。

自然连接是连接中最为特殊的一种形式，自然连接规定连接的两个关系中所有同名字段都相等。此时，可以省略连接条件，默认的连接条件是指所有同名字段相等时的连接，记为

$$R \bowtie S$$

自然连接要求两个关系中必须有共同的或公用的属性组，自然连接是公共属性相等时

的连接，并且在结果中去掉了重复的属性组。R 与 S 的自然连接要完成以下三件事。

a. 计算 R×S。

b. 在 R×S 上选择同时满足条件 $R.A_i = S.A_i$ 的所有元组，其中 A_i 为属性名。

c. 去掉重复属性。

（4）除法。

设关系 R 和 S 的元数分别为 r 和 s（设 r ＞ s ＞ 0），那么 R÷S 是一个（r － s）元的元组集合，以 "÷" 表示。

设有关系 R（X，Y）和 S（Y），X、Y 为属性组，R 和 S 的元数分别为 r 和 s，S（Y）≠ 0，则

$$R÷S = \pi_X (R) - \pi_X [\pi_X (R) × S - R]$$

其中：
$$x = r - s$$

2.2 例题解析

1. 在关系 R（R#，RN，S#）和 S（S#，SN，SD）中，R 的主码是 R#，S 的主码是 S#，则 S# 在 R 中称为（ ）。

　　A．外码　　　　　　B．候选码　　　　　C．主码　　　　　　D．超码

解：关系 S 中的主码 S# 出现在关系 R 中，而 S# 又不是 R 的主码，所以 S# 是关系 R 中的外码。本题答案为 A。

2. 设关系 R 和 S 的属性个数分别为 2 和 3，那么 $R\underset{1<2}{\bowtie}S$ 等价于（ ）。

　　A．$\sigma_{1<2} (R×S)$　　　　　　　　　B．$\sigma_{1<4} (R×S)$

　　C．$\sigma_{1>2} (R\bowtie S)$　　　　　　　　D．$\sigma_{1<4} (R\bowtie S)$

解：在执行 R×S 后，S 的第 2 个属性成为第 4 个属性。本题的答案为 B。

3. 设有如表 2-1 所示的关系 R，经操作 $\pi_{A, B} (\sigma_{B=b} (R))$（$\pi$ 为 "投影" 运算符，σ 为选择运算符）的运算结果是（ ）。

表 2-1　R

A	B	C
a	b	c
d	a	f
c	b	d

A.

A	B	C
a	b	c
c	b	d

B.

A	B
a	b
d	a

C.

A	B
a	b
c	b

D.

A	B
a	b
d	a

解：该运算是先从关系 R 中挑选出属性 B 上值为 b 的元组，再投影 A、B 两列。本题答案为 C。

4. 设关系 R（A，B，C）和 S（B，C，D），下列各关系代数表达式不成立的是（　　）。

    A. $\pi_A(R) \bowtie \pi_D(S)$ B. $R \cup S$

    C. $\pi_B(R) \cap \pi_B(S)$ D. $R \bowtie S$

解：选项 A、D 都是执行自行连接运算，当两个关系无公共属性时，自然连接就等同于笛卡儿积运算，因此，A、D 都是正确的。关系的并、交、差运算要求两个运算是相容关系，即两个关系属性个数相等，且对应的属性来自同一个值域，R 与 S 不是相容关系，所以选项 B 是错误的。本题答案为 B。

5. 笛卡儿积、等值连接、自然连接三者之间有什么区别？

解：笛卡儿积是一个基本操作，而等值连接和自然连接是组合操作。

设关系 R 的元数为 r，元组的个数为 m；关系 S 的元数为 s，元组个数为 n，那么笛卡儿积 R×S 的元数为 r+s，元组个数为 m×n。

等值连接 $R \underset{i=j}{\bowtie} S$ 的元数也是 r+s，但元组个数小于或等于 m×n。

自然连接 $R \bowtie S$ 的元数小于或等于 r+s，元组个数也小于或等于 m×n。

6. 设有关系 R、S，如表 2-2、表 2-3 所示。

表 2-2　R

A	B	C
a	b	c
b	a	d
c	d	e
d	f	g

表 2-3　S

A	B	C
b	a	d
d	f	g
f	h	k

试求出 R∪S、R−S、R∩S、$\pi_{A,C}(R)$、$\sigma_{A>B}(R)$。

解：分别如表 2-4~表 2-8 所示。

表 2-4　R∪S

A	B	C
a	b	c
b	a	d
c	d	e
d	f	g
f	h	k

表 2-5　R−S

A	B	C
a	b	c
c	d	e

表 2-6　R∩S

A	B	C
b	a	d
d	f	g

表 2-7　$\pi_{A,C}(R)$

A	C
a	c
b	d
c	e
d	g

表 2-8　$\sigma_{A>B}(R)$

A	B	C
b	a	d

7. 设有关系 R、S，如上题所示，试求：$R\underset{R.A<S.B}{\bowtie}S$。

解：本题的条件 f 公式为 R.A<S.B，意为将 R 关系中属性 A 的值小于 S 关系中属性 B 的值的元组取出来作为结果集的元组。

结果集的前三个属性为 R.A、R.B、R.C；结果集的后三个属性为 S.A、S.B、S.C。结果如表 2-9 所示。

表 2-9　R.A、R.B、R.C 与 S.A、S.B、S.C

R.A	R.B	R.C	S.A	S.B	S.C
a	b	c	d	f	g
a	b	c	f	h	k
b	a	d	d	f	g
b	a	d	f	h	k
c	d	e	d	f	g
c	d	e	f	h	k
d	f	g	d	f	g
d	f	g	f	h	k

8. 设有关系 R、S，如表 2-10、表 2-11 所示，试求：$R\bowtie S$。

表 2-10　R

A	B	C
a	b	c
b	a	d
c	d	e
d	f	g
f	h	k

表 2-11　S

A	C	D
a	c	d
d	f	g
c	e	k
b	d	g

解：本题要求关系 R 与关系 S 的自然连接，自然连接是一种特殊的等值连接，要求两个关系中进行比较的分量必须是相同的属性组，并且在结果中将重复属性列去掉。本题 R 与 S 关系中相同的属性组为 AC，因此，结果中的属性列为 ABCD。其结果如表 2-12 所示。

表 2-12　$R\bowtie S$

A	B	C	D
a	b	c	d
b	a	d	g
c	d	e	k

9. 设有关系 R、S，如表 2-13、表 2-14 所示，试求：$R÷S$。

表 2-13　R

A	B	C	D
a	b	c	d
a	b	e	f
a	b	h	k
b	d	e	f
b	d	d	l
c	k	c	d
c	k	e	f

表 2-14　S

C	D
c	d
e	f

解：分析如下。

(1) 根据除法定义，本题的 X 有属性 AB，Y 有属性 CD，那么 R÷S 应满足元组在 X 上的分量值 x 的相集 Yx 包含 S 在 Y 上投影的集合，而结果集的属性为 AB。

(2) 在关系 R 中，属性组 X（即 AB）可以取 3 个值 { (a, b), (b, d), (c, k) }，其中：

(a, b) 的相集为：{ (c, d), (e, f), (h, k) }；

(b, d) 的相集为：{ (e, f), (d, l) }；

(c, k) 的相集为：{ (c, d), (e, f) }。

(3) S 在 Y（即 CD）的投影为 { (c, d), (e, f) }。

从上述分析可以看出，只有 (a, b)、(c, k) 包含了 S 在 Y（即 CD）的投影，所以，R÷S = { (a, b), (c, k) }。结果如表 2-15 所示。

表 2-15　R÷S

A	B
a	b
c	k

2.3　习题

一、选择题

1. 关系数据库中的码是指（　　）。
   A. 能唯一确定关系的字段　　　　　B. 不可改动的专用保留字
   C. 关键的很重要的字段　　　　　　D. 能唯一标识元组的属性或属性集合

2. 根据关系模式的完整性规则，一个关系中的"主码"（　　）。
   A. 不能有两个　　　　　　　　　　B. 不能成为另外一个关系的外码
   C. 不允许为空　　　　　　　　　　D. 可以取值

3. 关系模型中，一个码（　　）。
   A. 可以由多个任意属性组成
   B. 至多由一个属性组成
   C. 可以由一个或多个其值能唯一标识该关系模式中任何元组的属性组成
   D. 以上都不是

4. 关系数据库管理系统应能实现的专门关系运算包括（　　）。
   A. 排序、索引、统计　　　　　　　B. 选择、投影、连接
   C. 关联、更新、排序　　　　　　　D. 显示、打印、制表

5. 同一个关系模型的任意两个元组值（　　）。
   A. 不能全同　　B. 可以全同　　C. 必须全同　　D. 前述都不是

6. 自然连接是构成新关系的有效方法。一般情况下，当对关系 R 和关系 S 使用自然连接时，要求 R 和 S 含有一个或多个共有的（　　）。
   A. 元组　　　　B. 行　　　　C. 记录　　　　D. 属性

7. 取出关系中的某些列，并消除重复元组的关系代数运算称为（   ）。

　　A．取列运算　　　　B．投影运算　　　　C．连接运算　　　　D．选择运算

8. 参加差运算的两个关系（   ）。

　　A．属性个数可以不相同　　　　　　　　B．属性个数必须相同

　　C．一个关系包含另一个关系的属性　　　D．属性名必须相同

9. 两个关系在没有公共属性时，其自然连接操作表现为（   ）。

　　A．结果为空关系　　　　　　　　　　　B．笛卡儿积运算

　　C．等值连接操作　　　　　　　　　　　D．无意义的操作

10. 如表 2-16～表 2-18 所示，两个关系 R1 和 R2，它们进行（   ）运算后得到 R3。

　　A．交　　　　　　　B．并　　　　　　　C．笛卡儿积　　　　D．连接

表 2-16　R1

A	B	C
a	1	x
c	2	y
d	1	y

表 2-17　R2

D	E	F
1	m	j
2	n	j
5	m	k

表 2-18　R3

A	B	C	D	E	F
a	1	x	1	m	i
d	1	y	1	m	i
c	2	y	2	n	j

11. 设有属性 A、B、C、D，以下表示中不是关系的是（   ）。

　　A．R（A）　　　　　　　　　　　　　　B．R（A，B，C，D）

　　C．R（A×B×C×D）　　　　　　　　　D．R（A，B）

12. 设有关系 R，按条件 f 对关系 R 进行选择，正确的是（   ）。

　　A．R×R　　　　　　B．R $\underset{f}{\bowtie}$ R　　　　　C．σ_f（R）　　　　D．π_f（R）

13. 在基本的关系中，下列说法正确的是（   ）。

　　A．行列顺序有关　　　　　　　　　　　B．属性名允许重名

　　C．任意两个元组不允许重复　　　　　　D．列是非同质的

14. 关系代数的五个基本操作是（   ）。

　　A．并、交、差、笛卡儿积、除法　　　　B．并、交、选取、笛卡儿积、除法

　　C．并、交、选取、投影、除法　　　　　D．并、差、选取、笛卡儿积、投影

15. 四元关系 R 为 R（A，B，C，D），则（   ）。

　　A．$\pi_{A,C}$（R）为取属性值为 A、C 的两列组成

　　B．$\pi_{1,3}$（R）为取属性值为 1、3 的两列组成

　　C．$\pi_{1,3}$（R）与 $\pi_{A,C}$（R）是等价的

　　D．$\pi_{1,3}$（R）与 $\pi_{A,C}$（R）是不等价的

16. R 为四元关系 R（A，B，C，D），S 为三元关系 S（B，C，D），R×S 构成的结果

集为（ ）元关系。

    A. 四   B. 三   C. 七   D. 六

17. R 为四元关系 R（A，B，C，D），S 为三元关系 S（B，C，D），R⋈S 构成的结果集为（ ）元关系。

    A. 四   B. 三   C. 七   D. 六

18. 关系模式 S（A，B，C，D）代数中的 $\sigma_{3<'2'}$（S）等价于如下的（ ）语句。

    A. SELECT * FROM S WHERE C<'2'   B. SELECT B, C FROM S WHERE C<'2'

    C. SELECT B, C FROM S HAVING C<'2'   D. SELECT * FROM S WHERE '3'<B

19. 笛卡儿积是（ ）进行运算。

    A. 向关系的垂直方向

    B. 向关系的水平方向

    C. 既向关系的水平方向也向关系的垂直方向

    D. 先向关系的垂直方向，然后再向关系的水平方向

20. 自然连接是（ ）进行运算。

    A. 向关系的垂直方向

    B. 向关系的水平方向

    C. 既向关系的水平方向也向关系的垂直方向

    D. 先向关系的垂直方向，然后再向关系的水平方向

21. 关系模式的任何属性（ ）。

    A. 不可再分   B. 可以再分

    C. 命名在该关系模式中可以不唯一   D. 前述都不是

22. 设关系 R（A，B，C）和 S（B，C，D），下列各关系代数表达式不成立的是（ ）。

    A. π_A（R）⋈ π_D（S）   B. R ∪ S

    C. π_B（R）∩ π_B（S）   D. R⋈S

二、填空题

1. θ 连接运算是由_____和_____操作组合而成的。

2. 自然连接运算是由_____、_____和_____操作组合而成的。

3. 关系模型由_____、_____和_____组成。

4. 关系模式的定义格式为_____。

5. 关系模式的定义主要包括_____、_____、_____、_____和_____。

6. 关系数据库中可以命名的最小数据单位是_____。

7. 关系模式是关系的_____，相当于_____。

8. 在一个实体表示的信息中,_____称为码。

9. 关系代数运算中，基本的运算是_____、_____、_____、_____和_____。

10. 关系代数运算中，专门的关系运算是_____、_____、_____和_____。

11. 关系的完整性分为_____、_____、_____三类。

12. 关系代数的连接运算中，当 θ 为 "=" 时的连接称为_____，且当比较的分量是相

同的属性组时，则称为_____。

三、问答题

1. 为什么关系中的元组没有先后顺序？

2. 为什么关系中不允许有重复元组？

3. 试叙述等值连接与自然连接的区别。

4. 设有如表 2-19、表 2-20 所示的关系 R 和 S，试计算：

(1) R1=R－S；

(2) R2= R∪S；

(3) R3= R∩S；

(4) R4=R×S。

<table>
<tr><td colspan="3">表 2-19　R</td></tr>
<tr><td>A</td><td>B</td><td>C</td></tr>
<tr><td>a</td><td>b</td><td>c</td></tr>
<tr><td>b</td><td>a</td><td>f</td></tr>
<tr><td>c</td><td>b</td><td>d</td></tr>
</table>

<table>
<tr><td colspan="3">表 2-20　S</td></tr>
<tr><td>A</td><td>B</td><td>C</td></tr>
<tr><td>b</td><td>a</td><td>f</td></tr>
<tr><td>d</td><td>a</td><td>d</td></tr>
</table>

5. 设有如表 2-21、表 2-22 所示的关系 R 和 S，试计算：

(1) R1=R－S；

(2) R2= R∪S；

(3) R3= R∩S；

(4) R4= $\pi_{A, B}[\sigma_{B=b1}(R)]$。

<table>
<tr><td colspan="3">表 2-21　R</td></tr>
<tr><td>A</td><td>B</td><td>C</td></tr>
<tr><td>a1</td><td>b1</td><td>c1</td></tr>
<tr><td>a1</td><td>b2</td><td>c2</td></tr>
<tr><td>a2</td><td>b2</td><td>c1</td></tr>
</table>

<table>
<tr><td colspan="3">表 2-22　S</td></tr>
<tr><td>A</td><td>B</td><td>C</td></tr>
<tr><td>a1</td><td>b2</td><td>c2</td></tr>
<tr><td>a2</td><td>b2</td><td>c1</td></tr>
</table>

6. 设有如表 2-23~ 表 2-25 所示的关系 R、S 和 T，试计算：

(1) R1=R∪T；

(2) R2=R－T；

(3) R3=R⋈S；

(4) R4= R⋈S；
      _{A<C}

(5) R5= $\pi_A(R)$；

(6) R6= $\sigma_{A=B}(R×S)$。

<table>
<tr><td colspan="2">表 2-23　R</td></tr>
<tr><td>A</td><td>B</td></tr>
<tr><td>a</td><td>d</td></tr>
<tr><td>b</td><td>e</td></tr>
<tr><td>c</td><td>c</td></tr>
</table>

<table>
<tr><td colspan="2">表 2-24　S</td></tr>
<tr><td>B</td><td>C</td></tr>
<tr><td>b</td><td>b</td></tr>
<tr><td>c</td><td>c</td></tr>
<tr><td>b</td><td>d</td></tr>
</table>

<table>
<tr><td colspan="2">表 2-25　T</td></tr>
<tr><td>A</td><td>B</td></tr>
<tr><td>d</td><td>a</td></tr>
<tr><td>b</td><td>a</td></tr>
<tr><td>d</td><td>c</td></tr>
</table>

7. 设有如表 2-26、表 2-27 所示的关系 R 和 S，试计算：

(1) R1=R $\bowtie$ S；

(2) R2= R $\underset{[2]<[2]}{\bowtie}$ S；

(3) R3= $\sigma_{B=D}$（R×S）。

表 2-26　R

A	B	C
3	6	7
4	5	7
7	2	3
4	4	3

表 2-27　S

C	D	E
3	4	5
7	2	3

8. 设有如表 2-28~ 表 2-30 所示的关系 R、W 和 D，试计算：

(1) R1= $\pi_{Y, T}$（R）；

(2) R2= $\sigma_{P>5 \wedge T=e}$（R）；

(3) R3=R $\bowtie$ W；

(4) R4= $\pi_{[2], [1], [6]}[\sigma_{[3] = [5]}$（R×D）]；

(5) R5=R÷D。

表 2-28　R

P	Q	T	Y
2	b	c	d
9	a	e	f
2	b	e	f
9	a	d	e
7	g	e	f
7	g	c	d

表 2-29　W

T	Y	B
c	d	m
c	d	n
d	f	n

表 2-30　D

T	Y
c	d
e	f

9. 设有三个关系：

S（S#，SNAME，AGE，SEX）；

SC（S#，C#，GRADE）；

C（C#，CNAME，TNAME）。

试用关系代数表达式表示下列查询语句：

(1) 检索 LIU 老师所授课程的课程号和课程名；

(2) 检索年龄大于 23 岁的男学生的学号和姓名；

(3) 检索学号为 S3 学生所学课程的课程名与任课教师名；

(4) 检索至少选修 LIU 老师所授课程中一门课的女学生姓名；

(5) 检索 WANG 同学不学的课程的课程号；

(6) 检索至少选修两门课的学生学号；

(7) 检索全部学生都选修的课程的课程号与课程名；

(8) 检索选修课程包含 LIU 老师所授全部课程的学生学号。

四、综合题

设有一个供应商、零件、工程项目数据库 SPJ，并有如下关系：

S（Sno，Sname，Status，City）

J（Jno，Jname，City）

P（Pno，Pname，Color，Weight）

SPJ（Sno，Pno，Jno，Qty）

其中：

S（Sno，Sname，Status，City）中的属性分别表示供应商代码、供应商名、供应商状态、供应商所在城市；

J（Jno，Jname，City）中的属性分别表示工程号、工程名、工程项目所在城市；

P（Pno，Pname，Color，Weight）中的属性分别表示零件代码、零件名称、零件的颜色、零件的重量；

SPJ（Sno，Pno，Jno，Qty）表示供应的情况，由供应商代码、零件代码、工程号及数量组成。

具体的关系如表 2-31~ 表 2-34 所示。

表 2-31　S

Sno	Sname	Status	City
S1	精益	20	天津
S2	盛锡	10	北京
S3	东方红	30	北京
S4	金叶	10	天津
S5	泰达	20	上海

表 2-32　P

Pno	Pname	Color	Weight
P1	螺母	红	20
P2	螺栓	绿	12
P3	螺丝刀	蓝	18
P4	螺丝刀	红	18
P5	凸轮	蓝	16
P6	齿轮	红	23

表 2-33　J

Jno	Jname	City
J1	三建	天津
J2	一汽	长春
J3	造船厂	北京
J4	机车厂	南京
J5	弹簧厂	上海

表 2-34　SPJ

Sno	Pno	Jno	Qty
S1	P1	J1	200
S1	P1	J3	100
S1	P1	J4	700
S1	P2	J2	100
S2	P3	J1	400
S2	P3	J1	200
S2	P3	J3	500
S2	P3	J4	400
S2	P5	J2	400
S2	P5	J1	100
S3	P1	J1	200
S3	P3	J3	200
S4	P5	J4	100
S4	P6	J1	300
S4	P6	J3	200
S5	P2	J4	100
S5	P3	J1	200
S5	P6	J3	200
S5	P6	J4	500

试用关系代数完成如下查询：

(1) 求供应工程 J1 零件的供应商的号码 Sno；

(2) 求供应工程 J1 零件 P1 的供应商的号码 Sno；

(3) 求供应工程 J1 零件为"红"色的供应商的号码 Sno；

(4) 求没有使用天津供应商生产的"红"色零件的工程号 Jno；

(5) 求至少使用了供应商 S1 所供应的全部零件的工程号 Jno。

2.4 习题答案

一、选择题

1.D ； 2.C ； 3.C ； 4.B ； 5.A ； 6.D ； 7.B ； 8.B ；9.B ； 10.D ；11.C ；12.C ；13.C ；
14.D ；15.C ；16.C ；17.A ；18.A ；19.B ；20.C ；21.A ；22.B。

二、填空题

1. 笛卡儿积，选择。

2. 笛卡儿积，选择，投影。

3. 数据结构，数据操作，完整性操作。

4. 关系名（属性名 1，属性名 2，…，属性名 n）。

5. 关系名，属性名，属性类型，属性长度，码。

6. 属性名。

7. 框架，记录格式。

8. 能唯一标识实体的属性或属性组。

9. 并，差，笛卡儿积，投影，选择。

10. 选择，投影，连接，除。

11. 实体完整性，参照完整性，用户定义完整性。

12. 等值连接，自然连接。

三、问答题

1. 答：由于关系定义为元组的集合，而集合中的元素是没有顺序的，因此关系中的元组也就没有先后顺序（对用户而言）。这样既能减少逻辑顺序的操作，又便于在关系数据库中引进集合理论。

2. 答：每个关系模式都有一个主键，在关系中主键的值是不允许重复的，否则起不了唯一的标识作用。如果关系中有重复元组，那么其主键值肯定相等，因此关系中不允许有重复元组。

3. 答：等值连接与自然连接的区别如下。

(1) 自然连接一定是等值连接，但等值连接不一定是自然连接，因为自然连接要求相等的分量必须是公共属性，而等值连接要求相等的分量不一定是公共属性。

(2) 等值连接不把重复属性去掉，而自然连接要把重复属性去掉。

4. 各个小题的结果分别如表 2-35~表 2-38 所示。

表 2-35 R1

A	B	C
a	b	c
c	b	d

表 2-36 R2

A	B	C
a	b	c
b	a	f
c	b	d
d	a	d

表 2-37 R3

A	B	C
b	a	f

表 2-38 R4

R.A	R.B	R.C	S.A	S.B	S.C
a	b	c	b	a	f
a	b	c	d	a	d
b	a	f	b	a	f
b	a	f	d	a	d
c	b	d	b	a	f
c	b	d	d	a	d

5. 各个小题的结果分别如表 2-39～表 2 42 所示。

表 2-39 R1

A	B	C
a1	b1	c1

表 2-40 R2

A	B	C
a1	b1	c1
a2	b2	c2
a2	b2	c1

表 2-41 R3

A	B	C
a1	b2	c2
a2	b2	c1

表 2-42 R4

A	B
a1	b1

6. 各个小题的结果分别如表 2-43~表 2-48 所示。

表 2-43 R1

A	B
a	d
b	e
c	c
d	a
b	a
d	c

表 2-44 R2

A	B
a	d
b	e
c	c

表 2-45 R3

A	B	C
c	c	c

表 2-46 R4

A	R.B	T.B	C
a	d	b	b
a	d	c	c
a	d	b	d
b	e	c	c
b	e	b	d
c	c	b	d

表 2-47 R5

A
a
b
c

表 2-48 R6

A	R.B	T.B	C
b	e	b	b
b	e	b	d
c	c	c	c

7. 各小题的结果分别如表 2-49~表 2-51 所示。

表 2-49 R1

A	B	C	D	E
3	6	7	2	3
4	5	7	2	3
7	2	3	4	5
4	4	3	4	5

表 2-50 R2

A	B	R·C	S·C	D	E
7	2	3	3	4	5

表 2-51 R3

A	B	R.C	S.C	D	E
7	2	3	3	2	3
4	4	3	3	4	5

8. 各小题的结果分别如表 2-52~表 2-56 所示。

表 2-52 R1

Y	T
d	c
f	e
e	d

表 2-53 R2

P	Q	T	Y
9	a	e	f
7	g	e	f

表 2-54 R3

P	Q	T	Y	B
2	b	c	d	m
2	b	c	d	n
7	g	c	d	m
7	g	c	d	n

表 2-55 R4

Q	P	Y
b	2	d
a	9	f
b	2	f
g	7	f
g	7	d

表 2-56 R5

P	Q
2	b
7	g

9. 解：

(1) $\pi_{C\#, CNAME}[\sigma_{TNAME='LIU'}(C)]$；

(2) $\pi_{S\#, SNAME}[\sigma_{AGE>'23' \wedge SEX='M'}(S)]$；

(3) $\pi_{CNAME, TNAME}[\sigma_{S\#='S3'}(SC \bowtie C)]$；

(4) $\pi_{SNAME}[\sigma_{SEX='F' \wedge TNAME='LIU'}(S \bowtie SC \bowtie C)]$；

(5) $\pi_{C\#}(C) - \pi_{C\#}[\sigma_{SNAME='WANG'}(S \bowtie SC)]$；

(6) $\pi_{1}[\sigma_{1=4 \wedge 2\neq5}(SC \times SC)]$；

(7) $\pi_{C\#, CNAME}\{C \bowtie [\pi_{S\#, C\#}(SC) \div \pi_{S\#}(S)]\}$；

(8) $\pi_{S\#, C\#}(SC) \div \pi_{C\#}[\sigma_{TNAME='LIU'}(C)]$。

四、综合题

答：(1) $\pi_{Sno}[\sigma_{Sno='J1'}(SPJ)]$；

(2) $\pi_{Sno}[\sigma_{Sno='J1' \wedge Pno='p1'}(SPJ)]$；

(3) $\pi_{Sno}[\sigma_{Pno='p1'}(\sigma_{Color='红'}(P) \bowtie SPJ)]$；

(4) $\pi_{Jno}(SPJ) - \pi_{Jno}[\sigma_{City='天津' \wedge Color='红'}(S \bowtie SPJ \bowtie P)]$；

(5) $\pi_{Jno, Pno}(SPJ) \div \pi_{Pno}[\sigma_{Sno='S1'}(SPJ)]$。

3 关系数据库设计理论

3.1 内容提要

3.1.1 函数依赖的概念及属性间存在的各种函数依赖

数据依赖是现实世界事物之间相互关联性的一种表达，是属性固有语义的体现。人们只有对数据库所要表达的现实世界进行认真的调查与分析，才能归纳与客观事实相符的数据依赖。函数依赖反映了数据之间的内在联系，是进行关系分解的指导和依据。函数依赖（functional dependency）是关系模式中属性之间的一种依赖关系。

1. 函数依赖的概念

定义 1　设 R（U）是属性集 U 上的关系模式，X、Y 是 U 的子集。若对 R（U）的所有具体关系 r 都满足如下约束：对于 X 的每一个具体值，Y 有唯一的具体值与之对应，则称函数 Y 依赖于 X，或 X 函数决定 Y，记做 X → Y，X 称为决定因素。

2. 完全函数依赖

定义 2　在 R（U）中，如果 X → Y，并且对于 X 的任何一个真子集 X'，都有 X' 不能决定 Y，则称 Y 对 X 完全函数依赖，记为 $X \xrightarrow{f} Y$。

3. 传递依赖

定义 3　在同一关系模式 R(U) 中，如果存在非平凡函数依赖 X → Y、Y → Z，而 Y ↛ X，则称 Z 对 X 传递依赖。

3.1.2 1NF、2NF、3NF 和 BCNF 的概念

第一范式（1NF）是关系模式的基础；第二范式（2NF）已成为历史，一般不再提及；在数据库设计中最常用的是第三范式（3NF）和 BCNF。1NF、2NF 和 3NF 是 Codd 在 1971—1972 年提出的，1974 年 Codd 和 Boyce 共同提出了一个新范式的概念，即 BCNF(Boyce Codd Normal Forms)。

1. 1NF

定义 4　如果关系模式 R 的每个关系 r 的属性值都是不可分的原子值（atomic value），那么称 R 是属于第一范式（first normal form，简记为 1NF）的模式。

满足 1NF 的关系称为规范化的关系，否则称为非规范化的关系。关系数据库研究的关系都是规范化的关系。1NF 是关系模式应具备的最基本的条件。

2. 2NF

定义 5　若关系模式 R ∈ 1NF，且每一个非主属性完全依赖于码，则关系模式 R ∈ 2NF，即当 1NF 消除了非主属性对码的部分函数依赖，就可以称为 2NF。

3. 3NF

定义 6　若关系模式 R（U，F）中不存在这样的码 X，属性组 Y 及非主属性 Z（Z ⊆ Y，使得 X → Y，（Y ↛ X）Y ↛ Z 成立，则关系模式 R ∈ 3NF。

4. BCNF

定义 7　若关系模式 R（U，F）中所有属性都不传递依赖于 R 的任何候选关键字，则称关系 R 是 BCNF 的，记为 R ∈ BCNF。

结论，一个满足 BCNF 的关系模式，应有如下性质：

(1) 所有非主属性对每一个码都是完全函数依赖的；

(2) 所有非主属性对每一个不包含它的码，也是完全函数依赖的；

(3) 没有任何属性完全函数依赖于非码的任何一组属性。

3.1.3　一个关系规范化为所要求级别的方法

关系数据库中，由于数据语义的问题，设计不好的关系模式不仅会产生大量的数据冗余，而且会带来更新异常，不能保证数据的完整性。为此，需要对关系模式进行分解，即规范化。

关系数据库中的关系模式是要满足一定要求的，满足不同要求的称为不同范式。其中，满足最低要求的称为 1NF，满足更进一步要求的称为 2NF，依次有第三范式 3NF 和 BCNF，它们之间有如下关系：

$$BCNF \subset 3NF \subset 2NF \subset 1NF$$

1NF 是一个关系的最低规范化级别，能确保关系中的每个属性都是不可分割的最小数据单位。

2NF 消除了关系中所有非主属性对候选码的部分函数依赖。若关系中的每个候选码都是单属性，则符合 1NF 的关系自然也达到 2NF。

3NF 消除了关系中所有非主属性对候选码的部分和传递函数依赖。

BCNF 消除了关系中所有属性对候选码的部分和传递函数依赖。若一个关系达到了 3NF，并且该关系只有单个候选码，或该关系的每个候选码都是单属性的，则该关系自然达到了 BCNF。

低一级范式经过分解得到高一级范式，就是所谓的规范化。这种分解是可逆的，而且应是无损的和保持函数依赖的，但这两个目标有时不能同时满足。规范化过程的每一步都是对前一步的结果进行分解，整个过程如下。

(1) 对原始的 1NF 关系进行分解，消除非主属性对关键字的部分函数依赖，产生一个 2NF 关系集合。

(2) 对 2NF 关系进行分解，消除非主属性对关键字的传递函数依赖，产生一个 3NF 关系集合。

(3) 对 3NF 关系进行分解，消除主属性对关键字的部分和传递函数依赖，产生一个 BCNF 关系集合。

规范化的目标是消除某些数据冗余，避免更新异常，使数据冗余量小，便于插入、删除和更新。规范化的方法是将原关系模式分解成两个或两个以上的关系模式，分解时遵从概念单一化的原则，即一个关系模式描述一个概念、一个实体或实体间的一种联系。所以，规范化的实质就是概念单一化。分解后的关系模式还要求与原关系模式等价，即经过自然连接可以恢复原关系而不丢失信息，并保持属性间的联系。也就是说，分解后的关系模式要通过外键还原为原关系模式。

3.2 例题解析

1. 关系规范化中的删除操作异常是指①（   ），插入操作异常是指②（   ）。

    A．不该删除的数据被删除　　　　B．不该插入的数据被插入

    C．应该删除的数据未被删除　　　　D．应该插入的数据未被插入

答：删除操作异常是指执行删除操作时将不应该删除的数据删除的情形；插入操作异常是指执行插入操作时应该插入的数据无法插入的情形。本题的答案为：① A，② D。

2. 关系数据库规范化是为解决关系数据库中（   ）问题而引入的。

    A．插入异常、删除异常和数据冗余　　　B．提高查询速度

    C．减少数据操作的复杂性　　　　D．保证数据的安全性和完整性

答：利用关系规范化理论可以解决关系模式中存在的数据冗余、插入异常和删除异常等问题。本题答案为 A。

3. 假设关系模式 R（A，B）属于 3NF，下列说法中（   ）是正确的。

    A．R 一定消除了插入异常和删除异常　　B．R 仍存在一定的插入异常和删除异常

    C．R 一定属于 BCNF　　　　D．A 和 C 都是

答：R ∈ 3NF，仍可能存在插入异常、删除异常，这时需向它的更高一级范式即 BCNF 进行转换。R ∈ 3NF，但 R 不一定属于 BCNF。本题答案为 B。

4. 关系模式的分解是（   ）的。

    A．唯一　　　　　　　　　　　B．不唯一

答：对关系模式进行分解时，选择函数依赖的先后顺序不同（BCNF 分解）或求解的函数依赖最小集不同（3NF 分解），都会使关系模式的分解结果不同。本题答案为 B。

5. 根据关系数据库规范化理论，关系数据库中的关系要满足 1NF。下面"部门"关系中，哪个属性使该关系不满足 1NF ？（   ）

部门（部门号，部门名，部门成员，部门总经理）

    A．部门总经理　　　B．部门成员　　　　C．部门名　　　　D．部门号

答：部门关系中的"部门成员"不是唯一的，不满足 1NF。本题答案为 B。

6. 设有关系 W（工号，姓名，工种，定额），将其规范化到 3NF，正确的答案是（　　）。

A. W1（工号，姓名），W2（工种，定额）

B. W1（工号，工种，定额），W2（工号，姓名）

C. W1（工号，姓名，工种），W2（工种，定额）

D. 以上都不对

答：该关系的函数依赖集为 { 工号→姓名,工号→工种,工种→定额 }，候选码为"工号"，经分析可知："定额"经"工种"传递函数依赖于"工号"，这个传递依赖应消除。选项 A 中的两个关系没有公共属性，不正确；选项 B 未消除传递依赖。本题答案为 C。

7. 表 3-1 给出的关系 R 为第几范式？是否存在操作异常？若存在，试将其分解为高一级范式。分解完成的高一级范式中是否可以避免分解前关系中存在的操作异常？

表 3-1　R

工程号	材料号	数量/个	开工日期	完工日期	价格/元
P1	I1	4	9805	9902	250
P1	I2	6	9805	9902	300
P1	I3	15	9805	9902	180
P2	I1	6	9811	9912	250
P2	I4	18	9811	9912	350

答：R 为 1NF。因为该关系的候选码为（工程号，材料号），而非主属性"开工日期"和"完工日期"部分函数依赖于候选码的子集"工程号"，即

（工程号，材料号）→开工日期

（工程号，材料号）→完工日期

故 R 不是 2NF。

R 存在操作异常，如果工程项目确定后，暂时未用到材料，则该工程的数据因缺少码的一部分（材料号）而不能进入数据库中，出现插入异常。若某工程下马，则删去该工程的操作也可能丢失材料方面的信息。

若将其中的部分函数依赖分解为一个独立的关系，则产生如表 3-2、表 3-3 所示的两个 2NF 关系子模式。

表 3-2　R1

工程号	材料号	数量/个	价格/元
P1	I1	4	250
P1	I2	6	300
P1	I3	15	180
P2	I1	6	250
P2	I4	18	350

表 3-3　R2

工程号	开工日期	完工日期
P1	9805	9902
P2	9811	9812

分解和新工程确定后，尽管还未用到材料，但该工程数据可以在关系 R2 中插入。某工程数据删除时，仅对关系 R2 操作，也不会丢失材料方面的信息。

8. 表 3-4 给出一个数据集，试判断该数据集是否可以直接作为关系数据库中的关系，

若不行，则改造成为尽可能好的并能作为关系数据库中关系的形式，同时说明进行这种改造的理由。

表 3-4　数据集

系　名	课　程　名	教　师　名
计算机系	DB	李军，刘强
机械系	CAD	金山，宋海
造船系	CAM	王华
自控系	CTY	张红，曾键

答：因为关系模式至少是 1NF 关系，即不包含重复组且不存在嵌套结构，给出的数据集显然不能直接作为关系数据库中的关系，改造为 1NF 关系后如表 3-5 所示。

表 1-3-5　改造后的 1NF 关系

系　名	课　程　名	教　师　名
计算机系	DB	李军
计算机系	DB	刘强
机械系	CAD	金山
机械系	CAD	宋海
造船系	CAM	王华
自控系	CTY	张红
自控系	CTY	曾键

3.3　习题

一、选择题

1. 设学生关系模式为：学生（学号，姓名，年龄，性别，成绩，专业），则该关系模式的主键是（　　）。

　　A．姓名　　　　　B．学号，姓名　　　　C．学号　　　　D．学号，姓名，年龄

2. 设一关系模式为：运货路径（顾客姓名，顾客地址，商品名，供应商姓名，供应商地址），则该关系模式的主键是（　　）。

　　A．顾客姓名，供应商姓名　　　　　B．顾客姓名，商品名

　　C．顾客姓名，商品名，供应商姓名　　D．顾客姓名，顾客地址，商品名

3. 关系模式学生（学号，课程号，名次），若每名学生每门课程有一定的名次，每门课程每一名次只有一名学生，则以下叙述中错误的是（　　）。

　　A．（学号，课程号）和（课程号，名次）都可以作为候选键

　　B．只有（学号，课程号）能作为候选键

　　C．关系模式属于 3NF

　　D．关系模式属于 BCNF

4. 关系数据库设计理论中，起核心作用的是（   ）。

    A．范式   B．模式设计   C．数据依赖   D．数据完整性

5. 设计性能较优的关系模式称为规范化，规范化的主要理论依据是（   ）。

    A．关系规范化理论   B．关系运算理论

    C．关系代数理论   D．数理逻辑

6. 规范化理论是关系数据库进行逻辑设计的理论依据。根据这个理论，关系数据库中的关系必须满足：其每一属性都是（   ）。

    A．互不相关的   B．不可分解的   C．长度可变的   D．互相关联的

7. 规范化主要要克服数据库逻辑结构中的插入异常、删除异常以及（   ）的缺陷。

    A．数据的不一致   B．结构不合理   C．冗余度大   D．数据丢失

8. 关系模式中各级范式之间的关系为（   ）。

    A．$3NF \in 2NF \in 1NF$ B．$3NF \in 1NF \in 2NF$

    C．$1NF \in 2NF \in 3NF$ D．$2NF \in 1NF \in 3NF$

9. 关系模式 R 中的属性全部是主属性，则 R 的最高范式必定是（   ）。

    A．2NF   B．3NF   C．BCNF   D．4NF

10. 消除了部分函数依赖的 1NF 的关系模式必定是（   ）。

    A．1NF   B．2NF   C．3NF   D．4NF

11. 关系模式的候选码可以有①（   ），主码有②（   ）。

    A．0 个   B．1 个   C．1 个或多个   D．多个

12. 候选码的属性可以有（   ）。

    A．0 个   B．1 个   C．1 个或多个   D．多个

13. 如表 3-6 所示的关系 R（   ）。

表 3-6　关于零件的关系 R

零件号	单价/元
P1	25
P2	8
P3	25
P4	9

    A．不是 3NF   B．是 3NF 但不是 2NF

    C．是 3NF 但不是 BCNF   D．是 BCNF

14. 区分不同实体的依据是（   ）。

    A．名称   B．属性   C．对象   D．概念

15. 关系数据模型是目前最重要的一种数据模型，该模型的三个要素分别为（   ）。

    A．实体完整、参照完整、用户自定义完整

    B．数据结构、关系操作、完整性约束

    C．数据增加、数据修改、数据查询

    D．外模式、模式、内模式

16. 在关系数据库中，要求基本关系中所有的主属性上不能有空值，其遵守的约束规则是（   ）。

    A．数据依赖完整性规则　　　　　　　B．用户定义完整性规则

    C．实体完整性规则　　　　　　　　　D．域完整性规则

17. 已知关系模式 R（A，B，C，D，E）及其上的函数相关性集合 F = {A→D，B→C，E→A}，该关系模式的候选关键字是（   ）。

    A．AB　　　　　　B．BE　　　　　　C．CD　　　　　　D．DE

18. 设学生关系 S（SNO，SNAME，SSEX，SAGE，SDPART）的主键为 SNO，学生选课关系 SC（SNO，CNO，SCORE）的主键为 SNO 和 CNO，则关系 R（SNO，CNO，SSEX，SAGE，SDPART，SCORE）的主键为 SNO 和 CNO，其满足（   ）。

    A．1NF　　　　　　B．2NF　　　　　　C．3NF　　　　　　D．BCNF

19. 设有关系模式 W（C，P，S，G，T，R），其中各属性的含义是：C 表示课程，P 表示教师，S 表示学生，G 表示成绩，T 表示时间，R 表示教室。根据语义有如下数据依赖集：D={C→P，（S，C）→G，（T，R）→C，（T，P）→R，（T，S）→R}，关系模式 W 的一个关键字是（   ）。

    A．（S，C）　　　B．（T，R）　　　C．（T，P）　　　D．（T，S）

20. 关系模式中，满足 2NF 的模式（   ）。

    A．可能是 1NF　　B．必定是 1NF　　C．必定是 3NF　　D．必定是 BCNF

21. 关系模式 R 的属性全是主属性，则 R 的最高范式必定是（   ）。

    A．1NF　　　　　　B．2NF　　　　　　C．3NF　　　　　　D．BCNF

22. 消除了传递函数依赖的 2NF 的关系模式，必定是（   ）。

    A．1NF　　　　　　B．2NF　　　　　　C．3NF　　　　　　D．BCNF

23. 如果 A→B，那么属性 A 和属性 B 的联系是（   ）。

    A．一对多　　　　B．多对一　　　　C．多对多　　　　D．前述都不是

24. 关系模式的候选关键字可以有 1 个或多个，而主关键字有（   ）。

    A．多个　　　　　B．0 个　　　　　C．1 个　　　　　D．1 个或多个

25. 候选关键字的属性可以有（   ）。

    A．多个　　　　　B．0 个　　　　　C．1 个　　　　　D．1 个或多个

26. 关系模式的任何属性（   ）。

    A．不可再分　　　　　　　　　　　　B．可以再分

    C．命名在关系模式上可以不唯一　　　D．前述都不是

27. 设有关系模式 W（C，P，S，G，T，R），其中各属性的含义是：C 表示课程，P 表示教师，S 表示学生，G 表示成绩，T 表示时间，R 表示教室。根据语义有如下数据依赖集：D={C→P，（S，C）→G，（T，R）→C，（T，P）→R，（T，S）→R}，若将关系模式 W 分解为三个关系模式 W1（C，P），W2（S，C，G），W3（S，T，R，C），则 W1 的规范化程度最高达到（   ）。

    A．1NF　　　　　　B．2NF　　　　　　C．3NF　　　　　　D．BCNF

28. 在关系数据库中，任何二元关系模式的最高范式必定是（　　）。

    A. 1NF　　　　　　　B. 2NF　　　　　　　C. 3NF　　　　　　　D. BCNF

29. 在关系规范化中，分解关系的基本原则是（　　）。

    Ⅰ. 实现无损连接；

    Ⅱ. 分解后的关系相互独立；

    Ⅲ. 保持原有的依赖关系。

    A. Ⅰ和Ⅱ　　　　　　B. Ⅰ和Ⅲ　　　　　　C. Ⅰ　　　　　　　　D. Ⅱ

30. 不能使一个关系从 1NF 转化为 2NF 的条件是（　　）。

    A. 每一个非主属性都完全函数依赖主属性

    B. 每一个非主属性都部分函数依赖主属性

    C. 在一个关系中没有非主属性存在

    D. 主键由一个属性构成

31. 任何一个满足 2NF，但不满足 3NF 的关系模式都存在（　　）。

    A. 主属性对键的部分依赖　　　　　　　B. 非主属性对键的部分依赖

    C. 主属性对键的传递依赖　　　　　　　D. 非主属性对键的传递依赖

32. 设数据库关系模式 R =（A，B，C，D，E）有下列函数依赖：A → BC、D → E、C → D。下述对 R 的分解中，（　　）分解是 R 的无损连接分解。

    Ⅰ.（A，B，C）（C，D，E）；

    Ⅱ.（A，B）（A，C，D，E）；

    Ⅲ.（A，C）（B，C，D，E）；

    Ⅳ.（A，B）（C，D，E）。

    A. 只有Ⅳ　　　　　　B. Ⅰ和Ⅱ　　　　　　C. Ⅰ、Ⅱ和Ⅲ　　　D. 都不是

33. 若关系模式 R（U，F）属于 3NF，则（　　）。

    A. 一定属于 BCNF

    B. 消除了插入的删除异常

    C. 仍存在一定的插入异常和删除异常

    D. 属于 BCNF 且消除了插入异常和删除异常

34. 下列说法不正确的是（　　）。

    A. 任何一个包含两个属性的关系模式一定满足 3NF

    B. 任何一个包含两个属性的关系模式一定满足 BCNF

    C. 任何一个包含三个属性的关系模式一定满足 3NF

    D. 任何一个关系模式都一定有码

35. 设关系模式 R（A，B，C），F 是 R 上成立的 FD 集，F = {B → C}，则分解 P = {AB，BC} 相对于 F（　　）。

    A. 是无损连接，也是保持 FD 的分解

    B. 是无损连接，不是保持 FD 的分解

    C. 不是无损连接，但保持 FD 的分解

    D. 既不是无损连接，也不是保持 FD 的分解

36．关系数据库规范化是为了解决关系数据库中（　　）的问题而引入的。

    A．插入、删除和数据冗余　　　　　　B．提高查询速度

    C．减少数据操作的复杂性　　　　　　D．保证数据的安全性和完整性

37．关系的规范化中，各个范式之间的关系是（　　）。

    A．1NF＞2NF＞3NF　　　　　　　　B．3NF ⊂ 2NF ⊂ 1NF

    C．1NF=2NF=3NF　　　　　　　　　D．1NF＞2NF＞BCNF＞3NF

38．数据库中的冗余数据是指（　　）的数据。

    A．容易产生错误　　　　　　　　　　B．容易产生冲突

    C．无关紧要　　　　　　　　　　　　D．由基本数据导出

39．学生表（id, name, sex, age, depart_id, depart_name），存在函数依赖是 $id \rightarrow name, sex, age, depart\_id$；$depart\_id \rightarrow dept\_name$，其满足（　　）。

    A．1NF　　　　　　B．2NF　　　　　　C．3NF　　　　　　D．BCNF

40．设有关系模式 R（S，D，M），其函数依赖集：$F = \{S \rightarrow D, D \rightarrow M\}$，则关系模式 R 的规范化程度最高达到（　　）。

    A．1NF　　　　　　B．2NF　　　　　　C．3NF　　　　　　D．BCNF

41．设有关系模式 R（A，B，C，D），其数据依赖集：$F = \{(A，B) \rightarrow C, C \rightarrow D\}$，则关系模式 R 的规范化程度最高达到（　　）。

    A．1NF　　　　　　B．2NF　　　　　　C．3NF　　　　　　D．BCNF

42．下列关于函数依赖的叙述中，不正确的是（　　）。

    A．由 $X \rightarrow Y, Y \rightarrow Z$，则 $X \rightarrow YZ$　　　B．由 $X \rightarrow YZ$，则 $X \rightarrow Y, Y \rightarrow Z$

    C．由 $X \rightarrow Y, WY \rightarrow Z$，则 $XW \rightarrow Z$　　D．由 $X \rightarrow Y, Z \in Y$，则 $X \rightarrow Z$

43．$X \rightarrow Y$，当下列（　　）成立时，称为平凡的函数依赖。

    A．$X \rightarrow Y$　　　　B．$Y \rightarrow X$　　　　C．$X \rightarrow Y = \varnothing$　　　D．$X \rightarrow Y$

44．关系数据库的规范化理论指出：关系数据库中的关系应该满足一定的要求，最起码的要求是达到 1NF，即满足（　　）。

    A．每个非主键属性都完全依赖于主键属性

    B．主键属性唯一标识关系中的元组

    C．关系中的元组不可重复

    D．每个属性都是不可分解的

45．根据关系数据库规范化理论，关系数据库中的关系要满足 1NF，部门（部门号，部门名，部门成员，部门总经理）关系中，因（　　）属性而使该关系不满足 1NF。

    A．部门总经理　　　B．部门成员　　　C．部门名　　　　　　D．部门号

46．有关系模式 A（C，T，H，R，S），其中各属性的含义是：C 为课程；T 为教员；H 为上课时间；R 为教室；S 为学生。根据语义有如下函数依赖集：

$F = \{C \rightarrow T, (H, R) \rightarrow C, (H, T) \rightarrow RC, (H, S) \rightarrow R\}$

(1) 关系模式 A 的码是（　　）。

    A．C　　　　　　　B．（H，S）　　　　C．（H，R）　　　　D．（H，T）

(2) 关系模式 A 的规范化程度最高达到（　　）。

    A．1NF   B．2NF   C．3NF   D．BCNF

(3) 现将关系模式 A 分解为两个关系模式 A1（C，T）、A2（H，R，S），则其中 A1 的规范化程度达到（　　）。

    A．1NF   B．2NF   C．3NF   D．BCNF

二、填空题

1. 关系数据库是以_____为基础的数据库，利用_____描述现实世界。一个关系既可以描述_____，也可以描述_____。

2. 在关系数据库中，二维表称为一个_____，表的每一行称为_____，表的每一列称为_____。

3. 数据完整性约束分为_____和_____两类。

4. 关系数据库设计理论，主要包括三方面内容：_____、_____和_____。其中_____起着核心的作用。

5. X → Y 是模式 R 的一个函数依赖，在当前值 r 的两个不同元组中，如果 X 值相同，就一定要求_____。也就是说，对于 X 的每一个具体值，都有_____与之对应。

6. 关系规范化的目的是_____。

7. 在关系 A（S，SN，D）和 B（D，CN，NM）中，A 的主码是 S，B 的主码是 D，则 D 在 A 中称为_____。

8. 对于非规范化的模式，经过①_____转变为 1NF，将 1NF 经过②_____转变为 2NF，将 2NF 经过③_____转变为 3NF。

9. 在一个关系 R 中，若每个数据项都是不可分割的，那么 R 一定属于_____。

10. 1NF、2NF、3NF 之间，相互是一种_____关系。

11. 若关系为 1NF，且该关系的每一非主属性都_____候选码，则该关系为 2NF。

12. 设有如表 3-7 所示关系 R，R 的候选码为①_____，R 的函数依赖有②_____，R 属于③_____范式。

表 3-7　R

A	D	E
a1	d1	e2
a2	d6	e2
a3	d4	e3
a4	d4	e4

三、问答题

1. 关系规范化一般应遵循的原则是什么？

2. 低级范式的关系模式对数据存储和数据操作产生的不利影响是什么？

3. 3NF 与 BCNF 的区别和联系各是什么？

4. 设一关系为：学生（学号，姓名，年龄，所在系，出生日期），判断该关系属性组属于哪一范式。为什么？

四、综合题

1. 已知学生关系模式 S（Sno，Sname，SD，Sdname，Course，Grade），其中：Sno 为学号，Sname 为姓名，SD 为系名，Sdname 为系主任名，Course 为课程，Grade 为成绩。

(1) 试写出关系模式 S 的基本函数依赖和主码。

(2) 试将关系模式分解成 2NF，并说明为什么。

(3) 试将关系模式分解成 3NF，并说明为什么。

2. 设有如表 3-8 所示的学生关系 S。

表 3-8 S

学生号	学生名	年龄	性别	系号	系名
100001	王婧	18	女	1	通信工程
200001	张露	19	女	2	电子工程
200002	黎明远	20	男	2	电子工程
300001	王烨	21	男	3	计算机
300004	张露	20	女	3	计算机
300005	樊建喜	19	男	3	计算机

试问 S 是否属于 3NF？为什么？若不是，S 属于哪一范式？并将其规范化为 3NF。

3. 设有如表 3-9 所示的关系 R。

表 3-9 R

课程名	教师名	教师地址
C1	马千里	D1
C2	于得水	D1
C3	余快	D2
C4	于得水	D1

(1) R 属于哪一范式？为什么？

(2) 是否存在删除操作异常？若存在，则说明是在什么情况下发生的。

(3) 将 R 分解为高一级范式，分解后的关系如何解决分解前可能存在的删除操作的异常问题。

4. 设有如表 3-10 所示的关系 R。

表 3-10 R

职工号	职工名	年龄	性别	单位号	单位名
E1	ZHAO	20	F	D3	CCC
E2	QIAN	25	M	D1	AAA
E3	SEN	38	M	D3	CCC
E4	LI	25	F	D3	CCC

试问 R 是否属于 3NF？为什么？若不是，R 属于哪一范式？并如何规范化为 3NF？

5. 表 3-11 给出的关系 SC 的模式为哪一范式？是否存在插入异常、删除异常？若存在，则说明是在什么情况下发生的？发生的原因是什么？将该关系分解为高一级范式，分解后的关系能否解决操作异常问题？

表 3-11 SC

SNO	CNO	CTITLE	INAME	ILOCA	GRADE
80152	C1	OS	王平	D1	70
80153	C2	DB	高升	D2	85
80154	C1	OS	王平	D1	86
80154	C3	AI	杨杨	D3	72
80155	C4	CL	高升	D2	92

其中：SNO为学号，CNO为课程号，CTITLE为课程名，INAME为教师名，ILOCA为教师地址，GRADE为成绩。

3.4 习题答案

一、选择题

1.C；2.C；3.B；4.C；5.A；6.B；7.C；8.A；9.B；10.B；11.① C；② B；12.C；13.D；14.B；15.B；16.C；17.B；18.A；19.D；20.B；21.C；22.C；23.B；24.C；25.D；26.A；27.D；28.D；29.B；30.B；31.D；32.B；33.C；34.C；35.A；36.A；37.B；38.D；39.B；40.B；41.B；42.B；43.B；44.D；45.B；46.(1)B；(2)B；(3)D。

二、填空题

1. 关系模型，关系，一个实体及属性，实体之间的联系。

2. 关系，元组，属性。

3. 静态约束，动态约束。

4. 数据依赖，范式，模式设计方法，数据依赖。

5.Y 值也相同，Y 唯一的具体值。

6. 控制冗余，避免插入异常和删除异常，从而增强数据库结构的稳定性和灵活性。

7. 外码。

8.① 使属性域变为简单域；

② 消除非主属性对候选码的部分函数依赖；

③ 消除非主属性对候选码的传递函数依赖。

9.1NF。

10.1NF ∈ 2NF ∈ 3NF。

11. 不部分函数依赖于。

12.① A 和 DE，② A → DE，DE → A，③ BCNF。

三、问答题

1. 答：关系规范化一般应遵循的原则如下。

(1) 将关系模式进行无损连接分解，在关系模式分解的过程中，数据不能丢失或增加，要保证数据的完整性。

(2) 合理地选择规范化的程度。规范化时，既要考虑到低级范式造成的冗余度高，数据的不一致性，又要考虑到高级范式查询效率低的矛盾。

(3) 正确性和可实现性原则。

2. 答：低级范式的关系模式对数据存储和数据操作的不利影响主要有：插入异常、删除异常、修改异常和数据冗余。

产生的原因及解决方法如下。

属于 1NF 不属于 2NF 的关系模式中，非主属性对码的部分函数依赖，引起操作异常。解决方法是采用分解的方法，将式中不完全函数依赖的属性去掉，将部分函数依赖的属性单独组成新的模式，使关系模式属于 2NF。

属于 2NF 不属于 3NF 的关系模式中，由于非主属性对码具有传递依赖，因此会产生操作异常。解决方法是采用分解的方法，消除关系模式中非主属性对码的传递依赖。

属于 3NF 不属于 BCNF 的关系模式中，由于存在主属性对码的部分函数依赖，因此会产生操作异常。解决的方法是将其转换成 BCNF，消除其部分函数依赖。

3. 答：3NF 与 BCNF 的区别和联系如下。

3NF 是建立在 2NF 基础上的，如果满足 2NF 的关系模式中不存在非主属性传递依赖于 R 的候选键，则 R 属于 3NF。

BCNF 是 3NF 的改进形式，BCNF 建立在 1NF 的基础上。如果关系 R 属于 1NF，且每个属性都不传递依赖 R 的候选键，则 R 属于 BCNF。

一个关系模式属于 BCNF，则一定属于 3NF，BCNF 是 3NF 的一个特例，反之则不然。

4. 答：属于 3NF。因为该关系模式存在的函数依赖是：

学号→姓名，学号→年龄，学号→所在系，学号→出生日期

不再有其他的函数依赖，所以该模式属于 2NF。又因为所有的非主属性对码（学号）非传递依赖，所以该关系模式是 3NF 的。

四、综合题

1. 答：(1) 关系模式 S 的基本函数依赖如下：

Sno → Sname，SD → Sdname，Sno → SD，（Sno，Course）→ Grade 关系模式的码为 Sno、Course。

(2) 原关系模式是属于 1NF 的，码为 Sno、Course，非主属性中的成绩完全依赖于码，而其他非主属性对码的函数依赖为部分函数依赖，所以不属于 2NF。

要消除非主属性对码的函数依赖为部分函数依赖，可将关系模式分解成 2NF，即

S1（Sno，Sname，SD，Sdname），S2（Sno，Course，Grade）

(3) 将上述关系模式分解成 3NF，分解步骤如下：

分解的关系模式 S1 中存在 Sno → SD、SD → Sdname，即非主属性 Sdname 传递依赖于 Sno，所以可以进一步分解为

S11（Sno，Sname，SD），S12（SD，Sdname）

分解后的关系模式 S11、S12 满足 3NF。

对关系模式 S2 不存在非主属性对码的传递依赖，故属于 3NF。所以，原模式 S（Sno，Sname，SD，Sdname，Course，Grade）按如下形式分解以满足 3NF。

S11（Sno，Sname，SD），S12（SD，Sdname），S2（Sno，Course，Grade）

2. 答：S 不属于 3NF，S 属于 2NF。

因 R 的候选关键字为"学生号"，而 学生号→系号，系号→系名，系号→学生号，故学生号→系名，即存在非主属性系名对候选关键字"学生号"的传递依赖。

可以将 S 分解为

S1（学生号，学生名，年龄，性别，系号）∈ 3NF

S2（系号，系名）∈ 3NF，分解后的 S1 与 S2 如表 3-12 所示。

表 3-12　分解后的 S1 与 S2

学生号	学生名	年龄	性别	系号	系名
100001	王婧	18	女	1	通信工程
200001	张露	19	女	2	电子工程
200002	黎明远	20	男	2	电子工程
300001	王烨	21	男	3	计算机
300004	张露	20	女	3	计算机
300005	樊建喜	19	男	3	计算机

3. 答：(1)R 是 2NF。

因 R 的候选码为课程名，而课程名→教师名，教师名→课程名不成立，教师名→教师地址，故课程名 $\xrightarrow{\text{T}}$ 教师地址，即存在非主属性教师地址对候选码课程名的传递函数依赖，因此 R 不是 3NF。

又因不存在非主属性对候选码的部分函数依赖，故 R 是 2NF。

(2) 存在。删除某门课程就会删除不该删除的教师的有关信息。

(3) 分解为高一级范式，分别如表 3-13、表 3-14 所示。

表 3-13　R1

课程名	教师名
C1	马千里
C2	于得水
C3	余快
C4	于得水

表 3-14　R2

教师名	教师地址
马千里	D1
于得水	D1
余快	D2

分解后，若删除课程数据，则仅对关系 R1 操作，教师地址信息在关系 R2 中仍然保留，不会丢失教师方面的信息。

4. 答：R 不属于 3NF，R 是 2NF。

因 R 的候选码为职工号和职工名，而职工号→单位号，单位号→职工号不成立，单位号→单位名，故职工号 $\xrightarrow{\text{T}}$ 单位名，即存在非主属性单位名对候选码职工号的传递函数依赖。规范化后的关系子模式如表 3-15、表 3-16 所示的关系 R1 与 R2。

表 3-15   R1

职工号	职工名	年龄	性别	单位号
E1	ZHAO	20	F	D3
E2	QIAN	25	M	D1
E3	SEN	38	M	D3
E4	LI	25	F	D3

表 3-16   R2

单位号	单位名
D3	CCC
D1	AAA

5. 关系 SC 的模式为 1NF，SC 存在插入异常、删除异常操作。当增设一门新课程时，因还没有学生选修，缺少码的一部分，所以 SNO 不能执行插入操作；当所有的学生退选某门课程而进行删除操作时，则会将不该删除的课程信息删除掉。

SC 关系中存在插入和删除操作异常的原因在于，该关系的候选码为（SNO，CNO），其中仅有非主属性 GRADE 完全函数依赖于（SNO，CNO），其他非主属性 CTITLE、INAME、ILOCA 都只函数依赖于 CNO，即它们与（SNO，CNO）为部分函数依赖关系。分解后的关系模式如表 3-17、表 3-18 所示。

表 3-17   SG

SNO	CNO	GRADE
80152	C1	70
80153	C2	85
80154	C1	86
80154	C3	72
80155	C4	92

表 3-18   CI

CNO	CTITLE	INAME	ILOCA
C1	OS	王平	D1
C2	DB	高升	D2
C3	AI	杨杨	D3
C4	CL	高升	D2

分解后的两个关系子模式都为 2NF，并解决了先前的插入、删除异常的问题。当增设一门新课程时，可以将数据插入 CI 表中；当所有的学生退选某门课程时，只需要删除 SG 表中的有关记录，且该课程的有关信息仍保留在 CI 表中。

分解 2NF 后的 CI 关系仍存在插入、删除操作异常。若有一个新教师报到，需将其有关数据插入 CI 中，由于该教师暂时还未承担任何教学工作，所以缺少码 CNO 而不能进行插入操作；当取消某门课程而删除 CI 表中的一条记录时，会将不该删除的教师的有关信息删除。CI 表中出现操作异常的原因是该关系中存在非主属性对候选码的传递函数依赖：CNO → INAME，INAME → CNO 不成立，INAME → ILOCA，故 CNO $\overset{T}{\to}$ ILOCA。

将 CI 进一步分解为如表 3-19、表 3-20 所示的 Course 和 Instructor 两个关系，可以解决上述操作异常。

表 3-19   Course

CNO	CTITLE	INAME
C1	OS	王平
C2	DB	高升
C3	AI	杨杨
C4	CL	高升

表 3-20   Instructor

INAME	ILOCA
王平	D1
高升	D2
杨杨	D3

4　数据库设计

4.1　内容提要

4.1.1　数据库设计的概念

数据库设计的任务是相对于一个给定的应用环境，提供一个确定最优数据模型与处理模式的逻辑设计，以及一个确定数据库存储结构与存储方法的物理设计，建立起能反映现实世界的信息和联系，满足用户的数据要求和加工要求，又能被某个数据库管理系统所接受，同时能实现系统目标，并有效存取数据的数据库。数据库设计包括以下几个方面的内容。

(1) 静态特性设计，又称结构特性设计，也就是根据给定的功能环境，设计数据库的数据模型或数据库模式，该设计包含数据库的概念结构设计和逻辑结构设计两个方面。

(2) 动态特性设计，又称数据库行为特性设计，主要包括设计数据库查询、事务处理和报表处理等应用程序。

(3) 物理设计。根据动态特性，即应用处理要求，在选定的数据库管理系统环境下，把静态设计得到的数据库模式加以物理实现，即设计数据库的存储模式和存取方法。

数据库设计是一项综合性技术。"三分技术，七分管理，十二分基础数据"是数据库建设的基本规律。数据库设计的特点是，数据库设计应该和应用系统相结合，在整个设计过程中把结构设计和行为设计密切结合起来。

4.1.2　数据库设计的基本步骤

数据库设计和使用的过程是信息从现实世界经过人为的选择加工进入计算机存储处理，又回到现实世界中去的过程。我们可以把数据库设计分为三大阶段、六个步骤，如图 4-1 所示。

1. 数据库结构设计阶段

数据库结构设计包括：需求分析、概念设计、逻辑设计、物理设计。

2. 程序结构设计阶段

程序结构设计阶段就是数据库实施阶段，设计人员运用 DBMS 提供的数据语言及其宿主语言，根据逻辑设计和物理设计的结果建立数据库，编制与调试应用程序，组织数据入库，并进行试运行。

3.数据库运行、维护阶段

数据库运行、维护阶段包括数据库的使用和维护,对数据库系统进行评价、调整与修改。数据库应用系统经过试运行后即可投入正式运行。在数据库系统运行过程中必须不断地对其进行评价、调整与修改。

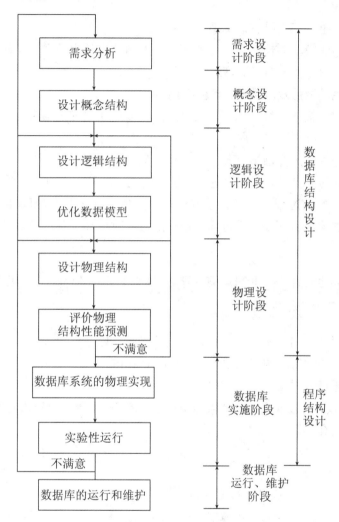

图 4-1　数据库设计步骤

设计一个完善的数据库应用系统是不可能一蹴而就的,设计往往是上述六个阶段的不断反复,不断完善的过程。

4.1.3　需求分析阶段的任务

需求分析是整个数据库设计的基础,是非常重要的一步。该阶段设计的结果,将直接影响后面各个阶段的设计,并影响到设计结果是否合理。其目标是对现实世界要处理的对象进行详细调查,在了解原系统的概况、确定新系统功能的过程中,收集支持系统目标的基础数据及其处理方法。

4.1.4　需求分析的基本步骤

1. 分析用户活动，产生用户活动图

了解组织机构情况，调查这个组织机构由哪些部门组成，各部门的职责是什么，为分析信息流程做准备。

2. 确定系统范围，产生系统范围图

了解各部门的业务活动情况，调查各部门输入和使用什么数据，如何加工处理这些数据，输出到什么部门，输出结果的格式是什么。

3. 分析用户活动所涉及的数据，产生数据流图

采用数据流图来描述系统的功能。数据流图可以形象地描述事务处理与所需数据的关联，便于用结构化系统方法自顶向下、逐层分解、步步细化。

4. 分析系统数据，产生数据字典

对数据流图中的数据流和加工等进一步进行定义，从而完整地反映系统需求。

在整个需求分析的过程中，必须强调用户的参与。设计人员要和用户进行广泛交流，使双方在概念的理解、目标要求等方面达成一致，并对设计工作的最后结果承担共同的责任。

4.1.5　概念结构设计阶段和逻辑结构设计阶段的要求以及它们的实现方法

概念设计主要就是概念模型的设计，该设计是数据库系统设计阶段很关键的一步，该设计独立于数据库的逻辑结构，也独立于具体的 DBMS。

1. 概念模型设计的要求

(1) 能真实地反映现实世界，包括事物相互之间的联系，能满足用户对数据的处理要求，是现实世界的一个真实模型。

(2) 表达自然、直观，易于理解，便于和不熟悉计算机的用户交流。

(3) 易于修改和扩充。

(4) 能方便地向各种数据模型转换。因为该设计是各种数据模型的共同基础，所以该设计对概念模型的描述，一般用 E-R 模型。

2. 概念模型设计的步骤

采用 E-R 图方法进行概念结构设计主要有以下三步。

(1) 设计局部 E-R 图概念模式，其包括如下内容。

①确定局部结构范围；

②实体定义；

③联系定义；

④属性分配。

即利用数据抽象机制对需求分析阶段收集到的数据进行分类、组织（聚集），形成实体、实体的属性、标识实体的码、确定实体之间的联系类型（1∶1、1∶n、n∶m），设计局部

E-R图。

这里需要注意两点：第一，"属性"是不可再分的数据项，即不能包含其他属性；第二，"属性"不能与其他实体有联系。

(2) 设计全局 E-R 模式包括以下内容。

①视图集成（综合成全局概念模式）确定公共实体类型；

②局部 E-R 模式的合并；

③消除各种冲突。

在局部 E-R 模式的合并过程中，会产生如下三种冲突。

①属性冲突：分属性域的冲突（如属性值的类型、取值范围、取值集合）和属性值单位（如人的身高单位有的用米，有的用厘米）的冲突。

②命名冲突：分同名异义或异名同义。

③结构冲突：同一对象在不同应用中有不同的抽象。例如，教师在有的应用中是属性，在有的应用中则为实体；同一对象在不同的 E-R 图中所包含的属性个数和属性排列的顺序不同。

(3) 全局 E-R 模式的优化主要包括如下内容。

①实体类型的合并；

②冗余联系的消除；

③冗余属性的消除。

概念结构设计独立于任何一种数据模型，所以也不为任何一种 DBMS 所支持。为了建立用于所要求的数据库，必须将概念结构转换为某种 DBMS 支持的数据类型，这便是逻辑结构设计的任务，就是将概念设计阶段的基本 E-R 图转换成与选用的具体机器上 DBMS 所支持的数据模型相符合的逻辑结构。

数据库逻辑设计的结果不是唯一的。为了进一步提高数据库应用系统的性能，还应适当地修改、调整数据模型的结构，这就是数据模型的优化，关系数据模型的优化通常以规范化理论为指导。数据模型优化的步骤如下。

(1) 确定数据依赖。按需求分析阶段所得到的语义，分别写出每个关系模式内部各属性之间的数据依赖以及不同关系模式属性之间的数据依赖。

(2) 进行极小化处理，消除冗余联系。

(3) 确定各关系模式属于哪一范式，考察是否存在部分函数依赖或传递函数依赖，并根据需求阶段的处理要求，确定是否要进行合并与分解。

4.1.6　物理结构设计阶段的内容

物理结构设计的内容如下。

(1) 确定数据的存储结构。

(2) 选择和调整存取路径。

(3) 确定数据存放位置。

(4) 确定存储分配。

4.1.7　数据库的实现和维护方法

根据逻辑设计和物理设计的结果，在计算机系统上建立实际数据库结构、装入数据、测试和试运行的过程称为数据库的实现阶段。数据库的实施对应于软件工程的编码、调试阶段。设计人员运用 DBMS 提供的数据定义语言将逻辑设计和物理设计的结果严格描述出来，成为 DBMS 可以接受的源代码。

通过调试产生目标模式，接着便可以开始进入数据库的实施阶段。实施阶段的主要工作如下。

(1) 建立实际数据库结构。

(2) 装入试验数据，对应用程序进行测试。

(3) 装入实际数据，进入试运行状态。

数据库系统的正式运行，标志着数据库设计与应用开发工作的结束和维护阶段的开始。

在试运行阶段要注意尽量减少对数据的破坏，并同时做好数据库的备份、恢复工作。数据库经过试运行的检验、测试基本合格后，就可以逐步增加数据量，完成运行评估。通过评估，若已达到设计目的，便可以投入运行，这标志着开发任务的基本完成，开始转入维护工作。

运行维护阶段的主要任务如下。

(1) 维护数据库的安全性与完备性。

(2) 监测并改善数据库运行性能。

(3) 根据用户要求对数据库现有功能进行扩充。

(4) 及时改正运行中发现的系统错误。

4.2　例题解析

1. 下列不属于数据库逻辑设计阶段应考虑的问题是（　　）。

　　A．概念模式　　　　B．存取方法　　　　C．处理要求　　　　D．DBMS 特性

答：概念模式、处理要求、DBMS 特性都是逻辑设计阶段应考虑的因素；存取方法是物理设计阶段应考虑的问题。本题答案为 B。

2. 数据库逻辑结构设计的主要任务是（　　）。

　　A．建立 E-R 图和说明书　　　　　　B．创建数据库说明

　　C．建立数据流图　　　　　　　　　　D．把数据送入数据库

答：建立 E-R 图是概念设计的主要任务；创建数据库说明是逻辑设计的主要任务；建立数据流图是需求分析的主要任务；把数据送入数据库中是数据库实施阶段的任务。本题答案为 B。

3. 假设在一个仓库中可以存放多种器件，一种器件也可以存放在多个仓库中；一个仓库有多个职工，而一个职工只能在一个仓库工作；一个职工可以保管一个仓库中的多种器件，由于一种器件可以存放在多个仓库中，所以也可以由多名职工保管。根据以上语义，

绘出描述库存业务的局部 E-R 图。

解：局部 E-R 图如图 4-2 所示。

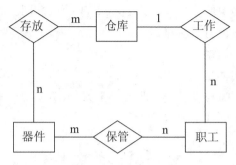

图 4-2 局部 E-R 图

4. 图 4-3 所示的是三个不同的局部模型，试将其合并成一个全局模式，并设置联系实体集中的属性（允许增加认为必要的属性，也可以将有关基本实体集的属性选为联系实体集的属性）。

各实体集构成信息如下。

部门：<u>部门号</u>、部门名、电话、地址。

职员：<u>职员号</u>、职员名、职务（干部 / 工人）、年龄、性别。

设备处：<u>单位号</u>、电话、地址。

工人：<u>工人编号</u>、姓名、年龄、性别 。

设备：<u>设备号</u>、名称、位置、价格。

零件：<u>零件号</u>、名称、规格、价格。

厂商：<u>单位号</u>、名称、电话、地址。

其中，带下画线的属性为实体集的主键。

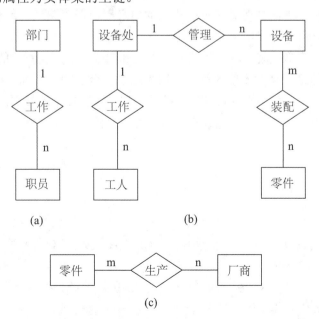

图 4-3 三个不同的局部模型

解：集成后各实体集的属性如下。

部门：<u>部门号</u>、部门名、电话、地址。

职工：<u>职工号</u>、职工名、职务（干部 / 工人）、年龄、性别。

设备：<u>设备号</u>、名称、位置、价格。

零件：<u>零件号</u>、名称、规格、价格。

其中，带下画线的属性为实体集的主键。

集成过程中的冲突：部门与设备处、职员与工人、部门与厂商属于同义异名，集成后，对它们进行了统一表示，如图 4-4 所示。

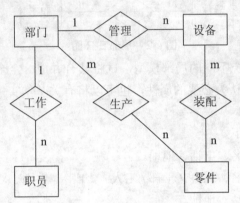

图 4-4 合并后的全局模式

5. 数据库设计的需求分析阶段是如何实现的？目标是什么？

答：需求分析大致可以分为三步来完成，即需求信息的收集、分析整理和评审。

需求信息的收集的任务是要了解组织的机构设置、主要业务活动和职能，确定组织的目标、大致工作流程和业务流程的划分。

需求信息的分析整理的任务就是把收集到的信息用数据流图或规范表格的形式转化为下一阶段设计工作可用的形式信息。

需求信息的评审即确认某一阶段的任务是否全部完成，以避免重大的疏漏或错误。

需求分析阶段的目标是对系统的整个应用情况进行全面的、详细的调查，确定企业组织的目标，收集支持系统总的设计目标的基础数据和对这些数据的要求，确定用户的需求，并把这些要求写成用户和数据库设计者都能够接受的文档。

4.3 习题

一、选择题

1. 如果要采用关系数据库来实现应用，则在数据库设计的（　　）阶段就要将关系模式进行规范化处理。

　　A. 需求分析　　　　B. 概念设计　　　　C. 逻辑设计　　　　D. 物理设计

2. 在数据库设计中，E-R 模型是进行（　　）的一个主要工具。

　　A. 需求分析　　　　B. 概念设计　　　　C. 逻辑设计　　　　D. 物理设计

3. 下列关于数据库运行和维护的叙述中，（　　）是正确的。

　　A. 只要数据库正式投入运行，标志着数据库设计工作的结束

　　B. 数据库的维护工作就是维护数据库系统的正常运行

　　C. 数据库的维护工作就是发现错误，修改错误

　　D. 数据库正式投入运行，标志着数据库运行和维护工作的开始

4. 数据库需求分析时，数据字典的含义是（　　）。

　　A. 数据库中所涉及的属性和文件的名称的集合

　　B. 数据库中所涉及的字母、字符及汉字的集合

　　C. 数据库中所有数据的集合

　　D. 数据库中所涉及的数据流、数据项和文件等描述的集合

5. 下列不属于需求分析阶段工作的是（　　）。

　　A. 分析用户活动　　　　　　　　　B. 建立 E-R 图

　　C. 建立数据字典　　　　　　　　　D. 建立数据流图

6. 数据流图是在数据库（　　）阶段完成的。

　　A. 逻辑设计　　　　B. 物理设计　　　　C. 需求分析　　　　D. 概念设计

7. 在数据库设计中，用 E-R 图来描述信息结构，但不涉及信息在计算机中的表示，它属于数据库设计的（　　）阶段。

　　A. 需求分析　　　　B. 概念设计　　　　C. 逻辑设计　　　　D. 物理设计

8. 概念模型独立于（　　）。

　　A. E-R 模型　　　　　　　　　　　B. 硬件设备和 DBMS

　　C. 操作系统和 DBMS　　　　　　　D. DBMS

9. E-R 图是数据库设计的工具之一，该工具适用于建立数据库的（　　）。

　　A. 概念模型　　　　B. 逻辑模型　　　　C. 结构模型　　　　D. 物理模型

10. 在数据库的概念设计中，最常用的数据模型是（　　）。

　　A. 形象模型　　　　B. 物理模型　　　　C. 逻辑模型　　　　D. 实体联系模型

11. 在关系数据库设计中，设计关系模式是（　　）的任务。

　　A. 需求分析阶段　　　B. 概念设计阶段　　　C. 逻辑设计阶段　　　D. 物理设计阶段

12. 数据库物理设计完成后，进入数据库实施阶段，下列各项不属于实施阶段的工作是（　　）。

　　A. 建立数据库　　　B. 扩充功能　　　　C. 加载数据　　　　D. 系统调试

13. 数据库概念设计的 E-R 图中，用属性描述实体的特征，属性在 E-R 图中用（　　）表示。

　　A. 矩形　　　　　　B. 四边形　　　　　C. 菱形　　　　　　D. 椭圆形

14. E-R 图中的联系可以与（　　）实体有关。

　　A. 0 个　　　　　　B. 1 个　　　　　　C. 1 个或多个　　　D. 多个

15. 若两个实体之间的联系是 1∶m，则实现 1∶m 联系的方法是（　　）。

　　A. 在 "m" 端实体转换的关系中加入 "1" 端实体转换关系的码

　　B. 将 "m" 端实体转换关系的码加入 "1" 端的关系中

　　C. 在两个实体转换的关系中，分别加入另一个关系的码

　　D. 将两个实体转换成一个关系

16. 下列属于数据库物理设计工作的是（   ）。

    A. 将 E-R 图转换为关系模式   B. 选择存取路径

    C. 建立数据流图   D. 收集和分析用户活动

17. 数据流图是用于描述结构化方法中（   ）阶段的工具。

    A. 概要设计   B. 可行性分析   C. 程序编码   D. 需求分析

18. 在数据库设计中，将 E-R 图转换成关系数据模型的过程属于（   ）。

    A. 需求分析阶段   B. 逻辑设计阶段

    C. 概念设计阶段   D. 物理设计阶段

19. 子模式 DDL 用来描述（   ）。

    A. 数据库的总体逻辑结构   B. 数据库的局部逻辑结构

    C. 数据库的物理存储结构   D. 数据库的概念结构

20. 数据库设计的概念设计阶段，表示概念结构的常用方法和描述工具的是（   ）。

    A. 层次分析法和层次结构图   B. 数据流程分析法和数据流程图

    C. 实体联系法和实体联系图   D. 结构分析法和模块结构图

21. 在 E-R 模型向关系模型转换，将 $m：n$ 的联系转换为关系模式时，其关键字是（   ）。

    A. m 端实体的关键字   B. n 端实体的关键字

    C. m、n 端实体的关键字组合   D. 重新选取其他属性

22. 某学校规定，每一个班级最多有 50 名学生，至少有 10 名学生；每一名学生必须属于一个班级。在班级与学生实体的联系中，学生实体的基数是（   ）。

    A.（0，1）   B.（1，1）   C.（1，10）   D.（10，50）

23. 在关系数据库设计中，设计关系模式是数据库设计中（   ）的任务。

    A. 逻辑设计阶段   B. 概念设计阶段

    C. 物理设计阶段   D. 需求分析阶段

24. 关系数据库的规范化理论主要解决的问题是（   ）。

    A. 如何构造合适的数据逻辑结构   B. 如何构造合适的数据物理结构

    C. 如何构造合适的应用程序界面   D. 如何控制不同用户的数据操作权限

25. 数据库设计可以划分为 6 个阶段，每个阶段都有自己的设计内容，"为哪些关系，在哪些属性上，建立什么样的索引"这一设计内容应属于（   ）阶段。

    A. 概念设计   B. 逻辑设计   C. 物理设计   D. 全局设计

26. 假设设计数据库性能用"开销"，即时间、空间及可能的费用来衡量，则在数据库应用系统生存期中存在很多开销。其中，对物理设计者来说，主要考虑的是（   ）。

    A. 规划开销   B. 设计开销   C. 操作开销   D. 维护开销

27. 数据库物理设计完成后，进入数据库实施阶段，下述工作中，（   ）一般不属于实施阶段的工作。

    A. 建立库结构   B. 系统调试   C. 加载数据   D. 扩充功能

28. 从 E-R 图导出关系模型时，如果实体间的联系是 m ∶ n 的，下列说法中正确的是（ ）。

    A. 将 n 端关键字和联系的属性纳入 m 端的属性中

    B. 将 m 端关键字和联系的属性纳入 n 端的属性中

    C. 增加一个关系表示联系，其中纳入 m 端和 n 端的关键字

    D. 在 m 端属性和 n 端属性中均增加一个表示级别的属性

29. 在 E-R 模型中，如果有三个不同的实体集，三个 m ∶ n 联系，根据 E-R 模型转换为关系模型的规则，转换为关系的数目是（ ）。

    A. 4   B. 5   C. 6   D. 7

二、填空题

1. 数据库设计中六个主要阶段是_____、_____、_____、_____、_____、_____。

2. 数据库设计中的逻辑设计分为_____和_____两部分。

3. 在数据库设计的需求分析阶段，用户对数据库的要求主要有_____、_____和_____。

4. 数据库设计过程的输入包括_____、_____、_____、_____四部分内容。

5. 数据字典中通常包括_____、_____、_____、_____、_____五部分。

6. 概念设计的任务分_____、_____、_____三步完成。

7. 数据库系统的逻辑设计主要是将_____转化成 DBMS 能处理的模式。

8. 设计概念结构的方法有_____、_____、_____、_____四种。

9. 逻辑设计有_____、_____、_____、_____和_____主要步骤。

10. 关系数据库的规范化理论是数据库_____设计的一个有力工具；E-R 模型是数据库_____设计的一个有力工具。

11. 数据模型是用来描述数据库的结构和语义的，数据模型有概念数据模型和结构数据模型两类，E-R 模型是_____。

12. "为哪些表，在哪些属性上，建立什么样的索引"这一设计内容应属于数据库设计中的_____阶段。

13. 在数据库设计中，把数据需求写成文档，它是各类数据描述的集合，包括数据项、数据结构、数据流、数据存储和数据加工过程等的描述，这通常称为_____。

14. 数据库应用系统的设计应具有对数据进行收集、存储、加工、抽取和传播等功能，即包括数据设计和处理设计，而_____是系统设计的基础和核心。

15. 设计局部 E-R 图时，由于各个子系统分别有不同的应用，而且往往由不同的设计人员设计，因此各个局部 E-R 图之间难免有不一致的地方，这称为冲突。这些冲突主要有_____、_____和_____三类。

16. 数据库逻辑设计中进行模型转换时，首先将概念模型转换为_____，然后将该一般模型转换为_____，最后对该数据模型进行优化。

三、问答题

1. 什么是数据库设计？数据库设计过程的输入和输出有哪些内容？

2. 什么是比较好的数据库设计方法？数据库设计方法应包括哪些内容？

3. 数据库设计的规划阶段应做哪些工作？

4. 数据库设计的需求分析阶段是如何实现的？目标是什么？

5. 数据字典的内容和作用是什么？

6. 概念设计的具体步骤是什么？

7. 规范化理论对数据库设计有什么指导意义？

8. 什么是数据库结构的物理设计？试述其具体步骤。

9. 数据库系统投入运行后，有哪些维护工作？

10. 什么是数据库重新组织？试述其重要性。

11. 试述采用 E-R 方法进行数据库概念设计的过程。

12. 需求分析阶段的设计目标是什么？调查的内容是什么？

13. 什么是数据库的概念结构？试述其特点和设计策略。

14. 什么是 E-R 图？构成 E-R 图的基本要素是什么？

四. 综合题

1. 学校中有若干个系，每个系有若干个班级和教研室，每个教研室有若干个教员，每个班有若干个学生，每个学生选修若干门课程，每门课可以由若干个学生选修。试用 E-R 图绘出该学校的概念模型，实体的属性可以自行设计。

2. 假设要为银行的储蓄业务设计一个数据库，其中涉及储户、存款、取款等信息。试设计 E-R 数据模型。

3. 某公司有多名销售人员负责公司的商品销售业务，每名客户可以一次性订购多种商品，每件商品都由唯一的商品号标识，表 4-1 所示的就是销售商品的详细订单。

表 4-1 商品订购单

订单号	5632098	日期	12/09/2005	付款方式	现金支付	总金额	3400.00元
客户号	11023562	客户姓名		刘勇		联系电话	4106179
地址		武汉市洪山区119号		邮政编码		430070	
商品号		商品列表		规格	单价/元		总计/元
110001		TCL29寸纯平彩电		T168	2500.00		2500.00
110018		欧亚达沙发		H901	700.00		700.00
120032		三角牌电饭锅		C184	200.00		200.00
销售人员号	3240	销售人员姓名		李峰		电话号码	87623094

(1) 试为该公司的商品销售业务数据库设计一个优化的 E-R 图。

(2) 将 E-R 图转换为关系模式集，并写出每个关系模式的主键和外键（如果有）。

4. 某单位使用下面的两张表格（见表 4-2、表 4-3）代办报刊订阅。试根据表 4-2、表 4-3 所提供的信息，设计一个 E-R 数据模型，然后将 E-R 数据模型转换为关系数据模型，并给出关系的主键和外键。

表 4-2 报刊目录表

报刊号	报刊名	单价/(元/月)	发行商	地址	开户行	账号	邮编	电话
NL2317	人民日报	16.00	人民日报社	北京市海淀区	中国农业银行海淀区支付	120035	100021	67295601
⋮	⋮	⋮	⋮	⋮	⋮	⋮	⋮	⋮

表 4-3 报刊订阅清单

报刊订阅清单 订户名:_____ 地址:_____		订阅清单号:_____ 电话:_____ 邮编:_____			
报刊号	报刊名	起止日期	份数	单价/(元/月)	合计款额/元
订阅单位经手人代号:_____ 姓名:_____ 电话:_____					

5. 某保险公司雇佣多名业务员开展保险业务。一名业务员可以为多名客户服务;一名客户也可以通过多名业务员购买多种保险;每名客户在每次购买保险时通过一名业务员与保险公司签订合同。表 4-4 所示的是一张经过简化的该保险公司的个人保险投保合同书,试根据这张合同书所提供的信息,设计一个 E-R 数据模型,再将这个 E-R 数据模型转换为关系数据模型,并给出关系的主键与外键。

表 4-4 个人保险投保合同书

业务员姓名:　　　　　　　　　　业务员工号:					
收款收据号:　　　　　　　　　　保险合同号:					
一、客户资料					
投保人	姓名		性别		出生日期
	证件名称:		证件号码:		
	通信地址:		邮编:		
	联系电话:		E-mal:		
被保险人					
二、要约内容					
保险号	保险名称	保险经额	保险期限	交费期限	标准保险费
保险费合计人民币(大写)　　　　　(￥　　　)					
日期:_____					

6. 设有如下运动队和运动会两个方面的实体集。

运动队方面的实体集如下。

运动队（队名，教练姓名，队员姓名）。

队员（队名，队员姓名，性别，项目名）。

其中，一个运动队有多个队员，一个队员仅属于一个运动队，一个运动队一般都有一个教练。

运动会方面的实体集如下。

运动会（队编号，队名，教练姓名）。

项目（项目名，参加运动队编号，队员姓名，性别，比赛场地）。

其中，一个项目可以由多个运动队参加，一个运动员可以参加多个项目，一个项目一个比赛场地。

试完成如下设计：

(1) 分别设计运动队和运动会两个局部 E-R 图。

(2) 将它们合并为一个全局 E-R 图。

(3) 合并时存在什么冲突？如何解决？

4.4 习题答案

一、选择题

1.C；2.B；3.D；4.D；5.B；6.C；7.B；8.B；9.A；10.D；11.C；12.B；13.D；14.C；15.A；16.B；17.D；18.B；19.B；20.C；21.C；22.B；23.A；24.A；25.C；26.C；27.D；28.C；29.C。

二、填空题

1. 需求分析阶段，概念设计阶段，逻辑设计阶段，物理设计阶段，数据库实施阶段，数据库运行、维护阶段。

2. 逻辑结构设计，应用程序设计。

3. 信息要求，处理要求，安全性和完整性要求。

4. 总体信息需求，处理需求，DBMS 的特征，硬件和操作系统特征。

5. 数据项，数据结构，数据流，数据存储，加工过程。

6. 数据抽象，设计局部概念模式，将局部概念模式综合成全局概念模式。

7. 概念结构。

8. 自顶向下，自底向上，逐步扩张，混合策略。

9. 形成初始模式，子模式设计，应用程序设计梗概，模式评价，修正模式。

10. 逻辑，概念。

11. 概念数据模型。

12. 物理设计。

13. 数据字典。

14. 数据设计。

15. 属性冲突，命名冲突，结构冲突。

16. 与特定的 DBMS 无关的但为一般的关系模型、网状模型或层次模型所表示的一般模型特定的 DBMS 支持的数据模型。

三、问答题

1. 答：数据库设计过程的输入子系统主要是原始数据的输入、抽取、校验、分类、转换和综合，最终把数据组织成符合数据库结构的形式，然后把数据存入数据库中。

数据库设计过程的输出主要有两部分：一部分是完整的数据库结构，其中包括逻辑结构与物理结构；另一部分是基于数据库结构和处理需求的应用程序的设计原则。这些输出一般都以说明书的形式出现。

2. 答：首先，一个比较好的数据库设计方法应该能在合理的期限内，以合理的工作量产生一个有实用价值的数据库结构，该结构应该满足用户关于功能、性能、安全性、完整性及发展需求等方面的要求，同时又服从于特定的 DBMS 的约束，并且可以用简单的数据模型来表示。其次，设计方法应有足够的灵活性和通用性。另外，数据库设计方法应是可以再生产的，即不同的设计者应用同一方法于同一设计问题时，应得到相同的或类似的结果。

数据库设计方法至少应包括以下内容：

(1) 设计过程；

(2) 设计技术；

(3) 评价准则；

(4) 信息需求；

(5) 描述机制。

3. 答：数据库设计中规划阶段的主要任务是进行建立数据库的必要性及可行性的分析，确定数据库系统在组织中和在信息系统中的地位，以及各个数据库之间的联系。

4. 答：需求分析大致可以分为三步来完成，即需求信息的收集、分析整理和评审。

需求信息收集的任务是了解组织的机构设置，主要业务活动和职能、确定组织的目标、大致工作流程和业务流程的划分。

需求信息的分析整理的任务就是把收集到的信息用数据流图或规范表格的形式转化为下一阶段设计工作可用的形式信息。

需求信息评审即确认某一阶段的任务是否全部完成，以避免重大的疏漏或错误。

需求分析阶段的目标是对系统的整个应用情况进行全面的、详细的调查，确定企业组织的目标，收集支持系统总的设计目标的基础数据和对这些数据的要求，确定用户的需求，并把这些要求写成用户和数据库设计者都能够接受的文档。

5. 答：数据字典通常包含数据项、数据结构、数据存储和加工过程。

数据项是数据的最小单位，是对数据项的描述，通常包括数据项名、含义、别名、类型、长度、取值范围以及与其他数据项的逻辑关系。

数据结构是若干数据项有意义的集合，该集合包含数据结构名、含义及组成该数据结构的数据项名。

数据流可以是数据项，也可以是数据结构，表示某一加工处理过程的输入或输出数据，对数据流的描述应包括数据流名、说明、流出的加工名、流入的加工名以及组成该数据流的数据结构或数据项。

数据存储是处理过程中要存取的数据。对数据存储的描述应包括数据存储名、说明、输入数据流、输出数据流、数据量、存储频度和存取方式。

对加工过程的描述包括加工过程名、说明、输入数据流、输出数据流，并简要说明处理工作、频度要求、数据量及响应时间等。

数据字典对系统中数据做了详细描述，数据字典提供对数据库描述的集中管理，并且为数据库管理员提供相关的报告。

6. 答：概念设计的具体步骤如下。

(1) 进行数据抽象，设计局部概念模式。

(2) 将局部概念模式综合成全局模式。

(3) 评审。

7. 答：规范化理论是数据库逻辑设计的指南和工具。具体来说，可以在以下 3 个方面起重要作用。

(1) 在数据分析阶段用数据依赖的概念分析和表示各数据项之间的联系。

(2) 在设计概念结构阶段，用规范化理论为工具消除初步 E-R 图中冗余的联系。

(3) 由 E-R 图向数据模型转换过程中用模式分解的概念和算法指导设计。

8. 答：对一个给定的逻辑数据模型选取一个最适合应用环境的物理结构的过程，称为数据库的物理设计。物理设计的步骤如下。

(1) 确定数据库的存储记录结构，包括记录的组成、数据项的类型和长度，以及逻辑记录到存储记录的映射。

(2) 确定数据存储安排。

(3) 访问方法的设计。

(4) 完整性和安全性分析，并选择一种较优的方案。

(5) 应用程序设计。

9. 答：数据库系统投入运行以后，就进入运行维护阶段。运行维护阶段的主要工作如下。

(1) 维护数据库的安全性与完整性控制及系统的转储和恢复。

(2) 数据库性能的监督、分析与改进。

(3) 增加数据库新功能。

(4) 发现错误，修改错误。

10. 答：对数据库的概念模式、逻辑结构或物理结构的改变称为重新组织。其中，改变概念模式或逻辑结构又称为重新构造，改变物理结构又称为重新格式化。

环境需求的变化或性能原因，对原有的数据提出了新的使用要求。这时，对数据库重新组织可以满足用户的需要，可以防止数据库的性能下降，可以提高数据库的运行效率。

11. 答：采用 E-R 方法进行数据库概念设计，可以分成三步：首先，设计局部 E-R 模式；然后，把各局部 E-R 模式综合成一个全局的 E-R 模式；最后，对全局 E-R 模式进行优化，得到最终的 E-R 模式，即概念模式。

12. 答：需求分析阶段的设计目标是通过详细调查现实世界要处理的对象（组织、部门、企业等），充分了解原系统（手工系统或计算机系统）的工作概况，明确用户的各种需求，然后在此基础上确定新系统的功能。

调查的内容是"数据"和"处理"，即获得用户对数据库的如下要求。

(1) 信息要求。信息要求是指用户需要从数据库中获得信息的内容与性质。由信息要求可以导出数据要求，即在数据库中需要存储哪些数据。

(2) 处理要求。处理要求是指用户要完成什么处理功能，对处理的响应时间有什么要求，处理方式是批处理还是联机处理。

(3) 安全性与完整性要求。

13. 答：概念结构是信息世界的结构，即概念模型，其主要特点如下。

(1) 能真实、充分地反映现实世界，包括事物和事物之间的联系，能满足用户对数据的处理要求，是对现实世界的一个真实模型。

(2) 易于理解。可以与概念结构和不熟悉计算机的用户交换意见，用户的积极参与是数据库设计成功的关键。

(3) 易于更改。当应用环境和应用要求改变时，容易对概念模型进行修改和扩充。

(4) 易于向关系、网状、层次等各种数据模型转换。

概念结构的设计策略通常有四种。

(1) 自顶向下。首先定义全局概念结构的框架；然后逐步细化。

(2) 自底向上。首先定义各局部应用的概念结构；然后将它们集成起来，得到全局概念结构。

(3) 逐步扩张。首先定义最重要的核心概念结构；然后向外扩充，以滚雪球的方式逐步生成其他概念结构，直至总体概念结构。

(4) 混合策略。将自顶向下和自底向上相结合，用自顶向下策略设计一个全局概念结构的框架，并以该框架为骨架集成，根据自底向上策略，设计各局部概念结构。

14. 答：E-R 图为实体 - 联系图，提供了表示实体、属性和联系的方法，用来描述现实世界的概念模型。构成 E-R 图的基本要素是实体、属性和联系，其表示方法如下。

(1) 实体：用矩形表示，矩形框内写明实体名。

(2) 属性：用椭圆形表示，并用无向边将其与相应的实体连接起来。

(3) 联系：用菱形表示，菱形框内写明联系名，并用无向边分别与相关实体连接起来，同时在无向边旁标上联系的类型（1：1、1：n 或 m：n）。

四、综合题

1. 答：对应的 E-R 图如图 4-5 所示。各实体的属性如下。

系：系名，系主任名，系地址，系电话。

班级：班号，班长，人数。

教研室：教研室名，地址，电话。

学生：学号，姓名，性别，年龄，籍贯，入学年份，专业。

教员：姓名，年龄，性别，职称，专长。

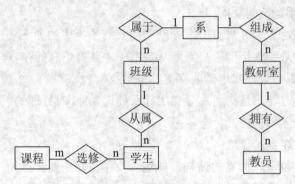

图 4-5　E-R 图 1

2. 答：储蓄业务主要是存款、取款业务，因此，根据业务流程，可以设计如图 4-6 所示的 E-R 图。

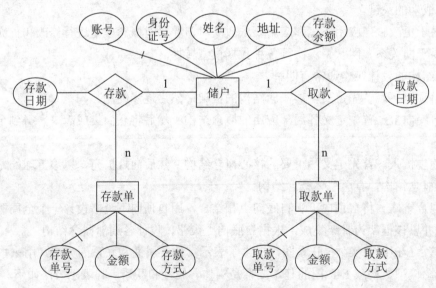

图 4-6　E-R 图 2

3. 答：从订单可知，每份订单可以订购多种商品；每份订单由一个销售员签订；每种商品都有明细；不同客户可以一次性订购多种商品。

(1) 该公司的商品销售业务 E-R 图如图 4-7 所示（省略属性）。

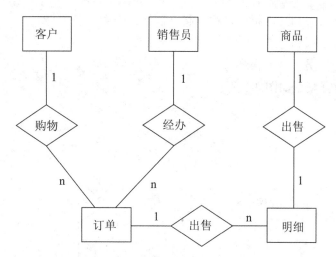

图 4-7　商品销售业务 E-R 图

(2) 转换后的关系模式集如下。

客户（<u>客户号</u>，客户名，联系电话，地址，邮政编码）；

销售人员（<u>职工号</u>，职工名，电话号码）；

商品（<u>商品号</u>，商品名，规格，单价）；

订单（<u>订单号</u>，日期，客户号，销售人员号，付款方式，总金额）；

明细（<u>订单号</u>，<u>商品号</u>）。

其中，带下画线"＿＿"为主键，带波浪线"～～～"为外键。

4. 答：因为每个单位（订户）都可以为本单位的任何一个员工订购任何一种报刊，因此订户、员工以及报刊之间是一种三元的多对多关系。设计的 E-R 数据模型如图 4-8 所示。

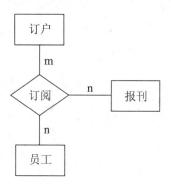

图 4-8　E-R 数据模型 1

将 E-R 数据模型图转换为如下关系模型。

订户（<u>订户号</u>，订户姓名，联系电话，地址，邮编）。

主键：订户号。

员工（<u>员工号</u>，姓名，电话号码）。

主键：员工号。

报刊（<u>报刊号</u>，报刊名，单价，发行商，地址，开户行，账号，邮编，电话）。

主键：报刊号。

订阅（<u>订户号</u>，<u>报刊号</u>，报刊名称，起止日期，份数，员工号）。

主键：订户号，报刊号。

外键：订户号，员工号，报刊号。

5. 答：E-R 数据模型如图 4-9 所示。

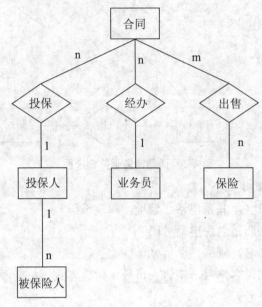

图 4-9 E-R 数据模型 2

关系数据模型如下。

投保人（<u>投保人号</u>，姓名，性别，出生日期，证件名称，证件号码，通信地址，联系电话，地址，邮政编码，E-mail）。

主键：投保人号。

被保险人依赖于投保人，是个弱实体。

被保险人（<u>投保人号</u>，<u>被保险人</u>，性别，出生日期，证件名称，证件号码，通信地址，联系电话，地址，邮政编码，E-mail）。

主键：投保人号，被保险人。

外键：投保人号。

业务员（<u>业务员工号</u>，业务员姓名，电话号码）。

主键：业务员工号。

保险（<u>保险号</u>，保险名称，保险金额，保险期限，交费期限，交费方式，标准保险费）。

主键：保险号。

合同（<u>保险合同号</u>，投保人号，被保险人号，业务员工号，保险号，日期，收款收据号）。

主键：保险合同号。

外键：投保人号，被保险人号，业务员工号，保险号。

6. 答：

(1) 运动队局部 E-R 图如图 4-10 所示。

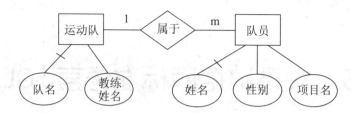

图 4-10 运动队局部 E-R 图

运动会局部 E-R 图如图 4-11 所示。

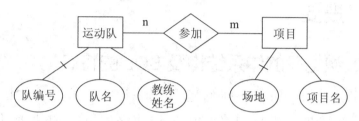

图 4-11 运动会局部 E-R 图

(2) 合并后的 E-R 图如图 4-12 所示。

(3) 集成中存在的冲突和解决方法如下。

① 命名冲突：项目名同义异名，将它们统一命为项目名。

② 结构冲突：项目在两个局部 E-R 图中，一个作属性，一个作实体集，合并为统一实体集。

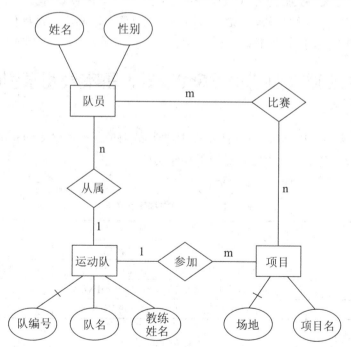

图 4-12 合并后的 E-R 图

5　关系数据库标准语言 SQL

5.1　内容提要

5.1.1　SQL 数据库的体系结构及 SQL 的特点

SQL 是 structured query language 的缩写，意为结构化查询语言。SQL 最早是在 1974 年由 Boyce 和 Chamberlin 提出的。1975—1979 年，IBM 公司在 San Jose 的研究中心的关系数据库管理系统原型 System R 中实施了这种语言。SQL 不仅功能丰富、使用方式灵活，而且语言本身接近英语的语法，简单易学，备受计算机工业界和计算机用户的欢迎。被众多计算机和软件公司所采用。经各公司的不断修改、扩充和完善，SQL 已发展成为关系数据库的标准语言，对关系模型的发展和商用 DBMS 的研制起着重要的作用。

SQL 集数据定义、数据操纵和数据控制功能于一体，所以说 SQL 是一门综合的、功能极强的同时又简单易学的语言。其主要特点有综合统一、高度非过程化、面向集合的操作方式、两种使用方式、语言简洁。

5.1.2　SQL 的数据定义、SQL 模式、基本表和索引的创建和撤销

SQL 支持关系数据库三级模式结构。其中外模式对应于视图（view）和部分基本表（base table），模式对应于基本表，内模式对应于存储文件。

SQL 的数据定义语句如表 5-1 所示。

表 5-1　SQL 的数据定义语句

操 作 对 象	操 作 方 式		
	创建	删除	修改
表	CREATE TABLE	DROP TABLE	ALTER TABLE
视图	CREATE VIEW	DROP VIEW	
索引	CREATE INDEX	DROP INDEX	

1. 创建基本表

CREATE TABLE < 表名 >

　　（< 列名 > < 数据类型 > [< 列级完整性约束条件 >]

　　[，< 列名 > < 数据类型 > [< 列级完整性约束条件 >]] …

　　[，< 表级完整性约束条件 >]）

该语句的功能是在当前或给定的数据库中定义一个表结构，即关系模式。

<表名>：要定义的基本表的名字。

<列名>：组成该表的各个属性（列）。

<列级完整性约束条件>：涉及相应属性列的完整性约束条件。

<表级完整性约束条件>：涉及一个或多个属性列的完整性约束条件。

2. 删除基本表

DROP TABLE <表名>

删除指定的表，包括表结构与表记录。

若一个表存在相关联的子表，例如，若在学生选课数据库模式中，学生表和课程表均为选课的父表，而选课表示它们的子表，那么在删除父表时，必须先删除与之关联的所有子表，或删除所有相应的外码约束。也就是说，只有该表中的所有属性都不被其他关系所引用，才能被有效删除。

3. 修改基本表

ALTER TABLE <表名>［ADD ＜新列名＞＜数据类型＞［完整性约束条件］］［DROP COLUMN <完整性约束名>］［ALTER COLUMN <列名><数据类型>］

向建立好的表添加一些列或一些完整性约束，或从已定义过的表中删除一些列或一些完整性约束，或对现有的列进行修改。

<表名>：要修改的基本表的表名。

ADD 子句：增加新列和新的完整性约束条件。

DROP 子句：删除指定的完整性约束条件。

ALTER 子句：用于修改列名和数据类型。

4. 建立索引

CREATE［UNIQUE］［CLUSTER］INDEX <索引名> ON <表名>（<列名>［<次序>］［，<列名>［<次序>］］…）

对指定表中的列建立索引。

5. 删除索引

DROP INDEX <索引名>

将建立好的索引删除。

5.1.3 SQL 的数据查询

1.SELECT 语句的一般格式

SELECT［ALL | DISTINCT］<目标列表达式>［，<目标列表达式>］…

FROM <表名或视图名>［，<表名或视图名>］

［WHERE <条件表达式>］

［GROUP BY <列名 1>［HAVING <条件表达式>］］

［ORDER BY <列名 1>［ASC | DESC］…］

SELECT 子句中的输出可以是列名、表达式、集函数（AVG，COUNT，MAX，MIN，

SUM)。DISTINCT 选项可以保证查询结果集中不存在重复元组。

FROM 子句中出现多个基本表或视图时，系统首先执行笛卡儿积操作。

根据给定的表，按条件进行查询，产生一个新表（即查询结果），该查询结果直接显示出来或被命名保存起来。常用的查询条件如表 5-2 所示。

表 5-2　常用的查询条件

运　算　符		含　义	运　算　符		含　义
集合成员 运算符	IN NOT IN	在集合中 不在集合中	算术运算符	> ≥ < ≤ = ≠	大于 大于或等于 小于 小于或等于 等于 / 不等于
确定范围 运算符	BETWEEN AND NOT BETWEEN AND	在范围中 不在范围中			
字符串匹配 运算符	LIKE	与 _ 和 % 进行 单个多个 字符匹配	逻辑运算符	AND OR NOT	与 或 非

说明：集合成员运算符用于检查一个属性值是否属于集合中的值。确定范围运算符中的 BETWEEN 后是下限，AND 后是上限。字符串匹配运算符用于构造条件表达式中的字符匹配，LIKE 前的列名必须是字符串类型。算术运算符用于字符串比较时，字符串从左向右进行。逻辑运算符用于构造复合表达式。

2. 范围条件用 BETWEEN…AND…表示

BETWEEN…AND…用来判断一个表达式的值是否落在某一个指定的范围内，选取落在范围内的数据行。

格式为：< 列名 >［NOT］BETWEEN < 下限 > AND < 上限 >

该格式中的 < 下限 > 要小于 < 上限 >。当由 < 列名 > 所指定的列的当前值在（或不在，用 NOT 时）所指定的下限和上限之间（包括两个端点的值在内）时，该表达式为真,否则为假。该表达式与下面的逻辑表达式等效：

不选 NOT：< 列名 > >=< 下限 > AND 列名 <=< 上限 >

选 NOT：< 列名 > << 下限 > OR 列名 >< 上限 >

3. 组属条件用 IN 表示

IN 用来判断一个表达式的值是否落在某一指定的组内，选取属于这一组内的数据行。格式如下：

<列名> ［NOT］ IN {（<常量表>）（<子查询>）}

< 常量表 > 是用逗号分开的若干个常量。当 < 列名 > 所指定列的当前值包含在由 < 常量表 > 所给定的值之内时，则该判断式为真，否则为假。若在 IN 关键字后面不是使用 < 常量表 >，而是使用 < 子查询 >，则当由 < 列名 > 所指定的列的当前值包含在子查询结果之中时，该判断式为真，否则为假。若在该判断式中选用 NOT 关键字，则判断结果正好相反。

4. 模式匹配条件用 LIKE 表示

LIKE 用来判断一个包含字符串的数据列的值是否匹配某一指定的模式，选取与模式相匹配的数据行。格式如下：

<字符串列名> NOT LIKE <字符表达式>

当 < 字符串列名 > 的当前值与 < 字符表达式 > 的值相匹配时，该判断式为真，否则为假。当选用 NOT 关键字时，判断结果相反。通常 < 字符表达式 > 为字符常量，若在其中使用下画线（_)，则表示该字符表达式能和任何一个字符匹配。若使用百分号（%)，则表示该字符表达式能和任意多个（含零个）字符匹配。

5. 查询结果的分组

GROUP BY 子句将查询结果表按指定列的值分组，值相等的为一组。分组的目的是将集函数的作用对象细化，分组后集函数将作用在每一个组上，也就是说，每个组都有一个函数值。

6. 查询结果的排序

ORDER BY 子句按其后所跟的列名将查询结果进行排序。查询结果将首先按 < 列名 1> 的值排序，若该列的值相同，则再按 < 列名 2> 的值排序，依此类推。其后带 ASC 表示按值的升序排列查询结果，其后带 DESC 则按值的降序排列查询结果。若不指定排序方式，则默认按升序排列。

7. 连接查询

在实际应用中，查询所涉及的数据经常存在于多个表中，这时就涉及两个表或两个以上的表的查询。

对表进行连接时最常用的连接条件是等值连接，也就是使两个表中对应列相等所进行的连接，通常一个列是所在表的主码（即关键字），另一个列是所在表的主码或外码（即外关键字）。只有这样的等值连接对我们才有实际意义。

8. 嵌套查询

在 SQL 语言中，一个 SELECT…FROM…WHERE 语句称为一个查询块。将一个查询块嵌套在另一个查询块的 WHERE 条件中的查询称为嵌套查询。处于内层的查询称为子查询。嵌套查询命令在执行时，每个子查询在上一级查询处理之前求解，也就是从里向外查，先由子查询得到一组值的集合，外查询再从这个集合中得到新的查询条件的结果集。

5.1.4　SQL 的数据更新：插入、删除和修改语句

数据更新操作有三个：向表中添加若干行数据、修改表中的数据和删除表中若干行数据。在 SQL 语言中有相应的三条语句，分别是 INSERT、UPDATE、DELETE。

1. 插入数据

向一个表中插入记录有两种语句格式：一种是单行插入，另一种是多行插入。

(1) 单行插入语句格式如下。

INSERT INTO < 表名 >[(< 属性列 1> [，< 属性列 2 >…)]

　　　　　VALUES（< 常量 1> [，< 常量 2>] …)

(2) 多行插入语句格式如下。

INSERT INTO < 表名 > [(< 属性列 1> [，< 属性列 2>…)]

　　　　　<SELECT 子句 >

该语句的功能是向表中添加一行数据或多行数据（元组）。

2. 修改数据

UPDATE ＜表名＞

SET ＜列名＞=＜表达式＞ [，＜列名＞=＜表达式＞] …

[WHERE ＜条件＞]

3. 修改指定表中满足 WHERE 子句条件的元组

UPDATE 给出要修改的表名。SET 关键字后面给出表中一些要修改的列及相应的表达式，每个表达式的值就是对应列被修改的新值。注意，表达式的数据类型要与等号左边的列的数据类型相匹配。WHERE 选项中的逻辑表达式给出修改记录的条件，若省略该项，则对表中所有的记录进行修改。

4. 删除数据

DELETE

　　FROM ＜表名＞

　　　　[WHERE ＜条件＞]

5. 删除指定表中满足 WHERE 子句条件的元组

从 FROM 所指定的表中删除满足 WHERE 子句所指定条件的元组。若无 WHERE 子句，则表示删除指定表中的所有元组，但不删除表结构，表结构仍在数据字典中。

5.1.5　视图的创建和撤销，对视图更新操作的限制

视图既是表，但又不同于基表。视图是关系数据库系统提供给用户以多种角度观察数据库中数据的重要机制。视图与表的最大区别是表包含实际的数据，并消耗物理存储，而视图不包含数据，且除了需要存储提供视图定义的查询语句外，不需要其他存储。

1. 定义视图

CREATE VIEW

　　　　＜视图名＞ [(＜列名＞ [，＜列名＞] …)]

　　　AS ＜SELECT 子句＞

　　　　[WITH CHECK OPTION]

在当前数据库中根据 SELECT 子句的查询结果建立一个视图，包括视图的结构和内容。＜视图名＞是用户定义的一个标识符，用来表示一个视图。后面括号内包含属于该视图的一个或多个由用户定义的列名，每个列名依次与 SELECT 子句中所投影出的每个列相对应，即与对应列的定义和值相同，但列名可以相同也可以不同。

WITH CHECK OPTION 是为了防止用户通过视图对数据进行更新时，对不属于视图范围内的基本表数据进行误操作。加上该子句后，当对视图上的数据进行更新时，DBMS 会检查视图中定义的条件，若不满足，则拒绝执行。

2. 删除视图

DROP VIEW ＜视图名＞

删除当前数据库中的一个视图。

3. 查询视图

当视图被定义之后，就可以像对基本表一样对视图进行查询了。

4. 更新视图

更新视图是指通过视图来插入（INSERT）、删除（DELETE）和修改（UPDATE）数据。由于视图是不实际存储数据的虚表，因此对视图的更新最终是通过转换为对基本表的更新进行的。

视图是定义在表之上的，对视图的一切操作最终也要转换为对表的操作，而且对视图进行更新时还有可能会出现问题。既然如此，为什么还要定义视图呢？这是因为一个规范化的关系数据库由许多表组成，而每个表只适合于一类特定的人和事务。通常这些规范化的表需要重新连接起来以便为特定情形提供有意义的信息。视图通过 SQL 创建必要的链接，查询所需要的表的列信息以及建立行选择条件来满足特殊情形对数据库的使用要求。视图可以定制表的一个结果集来满足不同用户的特殊需求。而且视图的定义是存储在数据库中的，是标准化的。所有用户对视图的访问都是一样的，使用视图也是很简单的。所以，对用户和应用程序来说，使用视图比让他们自己来完成复杂的查询要方便得多。

5.1.6 数据控制的概念和使用

数据控制亦称为数据保护，包括数据的安全性控制、完整性控制、并发控制和恢复。数据库的完整性是指数据库中数据的正确性与相容性。

DBMS 实现数据安全性保护的过程为：用户或 DBA 把授权决定告知系统，SQL 语言通过 GRANT 和 REVOKE 语句实现权限控制功能，DBMS 把授权的结果存入数据字典。

当用户提出操作请求时，DBMS 根据授权定义进行检查，以决定是否执行操作请求。

1. 授权

GRANT < 权限 > [，< 权限 >] …
[ON < 对象类型 >< 对象名 >]
TO < 用户 > [，< 用户 >] …
[WITH GRANT OPTION]；
将对指定操作对象的指定操作权限授予指定的用户。

2. 收回权限

REVOKE< 权限 > [，< 权限 >] …
[ON< 对象类型 >< 对象名 >]
FROM< 用户 > [，< 用户] >] …
从指定用户那里收回对指定对象的操作权限。

5.2 例题解析

1. 有两个关系：C（cno，cn，pcno）、SC（sno，cno，g）。
其中，C为课程表关系，对应的属性分别是课号、课程名和选修课号；SC为学生选课表关系，对应的属性分别是学号、课号和成绩。用SQL语言写出：

(1) 对关系 SC 中课号等于 C1 的选择运算；

(2) 对关系 C 的课号、课程名的投影运算；

(3) 两个关系的自然连接运算；

(4) 求每一课程的间接选修课（即选修课的选修课）。

解：对应的 SQL 命令如下：

```
(1) SELECT *
      FROM SC
       WHERE cno='C1'
(2) SELECT cno, cn
      FROM C
(3) SELECT C. cno, C. cn, C. pcno, SC. sno, SC. g
      FROM C, SC
       WHERE C. cno=SC. cno
(4) SELECT first. cno, second. pcno
      FROM C first, C second
       WHERE first. pcno=second. cno
```

2. 根据第 2 章习题第四道大题 1 中的 S、P、J、SPJ 表，用 SQL 语言完成以下操作：

(1) 找出"上海"厂商产的零件的工程名称；

(2) 找出没有使用"天津"厂商产的零件的工程号码。

解：(1) 找出"上海"厂商产的零件的工程名称，SQL 语言如下：

```
SELECT JNAME
  FROM J
   WHERE JNO IN
   (SELECT JNO
    FROM SPJ
     WHERE SNO IN
      (SELECT SNO
        FROM S
         WHERE SNAME='上海'))
```

注意：子查询的条件不依赖于父查询，这类查询称为不相关子查询。当内查询的结果是一个值时，可以用"＝"代替"IN"。本题的实例尽管只有一个上海厂商，但是从表中可以看到同一个地点可以有多于一个的厂商，所以内查询的结果可能不止一个值，故外查询的条件应用"JNO IN"而不能用"JNO="。

(2) 找出没有使用"天津"厂商产的零件的工程号码，SQL 语言如下：

分析 1：使用"天津"厂商产的零件的工程号码，SQL 语言如下：

```
SELECT Jno
  FROM S，SPJ
   WHERE S. Sno=SPJ. Sno AND City='天津'
```

上述查询语句可以等价为如下的查询：

```
SELECT Jno
  FROM SPJ
   WHERE EXISTS
```

```
(SELECT Jno
 FROM S
  WHERE Sno=SPJ. Sno AND City='天津')
```

在外查询的 WHERE 子句中用 EXISTS，意为内查询的结果应不为空。

分析 2：根据题意，若在外查询的 WHERE 子句中用 NOT EXISTS，意为内查询的结果应为空，则该工程没有使用"天津"厂商产的零件。因此，正确的查询语句应为：

```
SELECT Jno
 FROM SPJ
  WHERE NOT EXISTS
   (SELECT Jno
    FROM S
     WHERE Sno=SPJ. Sno AND City='天津')
```

注意：上例查询的条件 Sno=SPJ. Sno 意为子查询 S 关系中的 Sno 等于外查询 SPJ 关系中的 Sno。这意味着该子查询不仅与 S 关系的 Sno 有关，还与外查询的 SPJ 关系的 Sno 有关，即依赖于父查询的某个属性，这类查询称为相关子查询。

3. 学生数据库中有三个基本表（关系）：

```
S(Sno, Sname, Age, Sex, SD)
C(Cno, Cname, Teacher)
SC(Sno, Cno, Grade)
```

其中，S是学生关系，其属性分别为学号、姓名、年龄、性别和所在系；C是课程关系，其属性分别为课程号、课程名和任课教师；SC是学生选课关系，其属性分别为学号、课程号和成绩。

试用 SQL 语言完成以下操作：

(1) 检索选修课程名为"MS"的学生的学号和姓名；

(2) 检索至少选修了课程号为"C1"和"C3"的学生学号；

(3) 检索选修了"操作系统"或"数据库"课程的学生学号和成绩；

(4) 检索年龄在 18 岁至 20 岁之间（含 18 岁和 20 岁）的女生的学号、姓名及年龄；

(5) 检索选修了"刘平"老师所授课程的学生的学号、姓名及成绩；

(6) 检索选修全部课程的学生姓名；

(7) 检索至少选修了学号为"1042"的学生选修的全部课程的学生的学号；

(8) 检索所有姓"樊"的学生的姓名、年龄和所在系；

(9) 检索选修了三门课以上的学生的姓名、年龄和所在系。

解：(1) 检索选修课程名为"MS"的学生的学号和姓名。

方法 1：连接查询。

```
SELECT Sno，Sname
  FROM S，SC，C
    WHERE S.Sno=SC.Sno AND SC.Cno=C.Cno AND C.Cname='MS'
```

方法 2：嵌套查询。

```
SELECT Sno，Sname
  FROM S
   WHERE Sno IN
```

```
(SELECT Sno
 FROM SC
 WHERE Cno IN
   (SELECT Cno
    FROM C
     WHERE. Cname='MS'))
```

(2) 检索至少选修了课程号为"C1"和"C3"的学生学号。

```
SELECT Sno
  FROM SC SCX, SC SCY
    WHERE SCX. Sno=SCY. Sno AND SCX. Cno='C1' AND SCY. Cno='C3'
```

(3) 检索选修了"操作系统"或"数据库"课程的学生学号和成绩。

方法 1：连接查询。

```
SELECT Sno, Grade
  FROM SC, C
    WHERE SC. Cno=C. Cno AND (C. Cname='操作系统' OR C.
     Cname='数据库')
```

方法 2：嵌套查询。

```
SELECT Sno, Grade
  FROM  SC
   WHERE Cno IN
     (SELECT Cno
      FROM C
       WHERE C. Cname='操作系统' OR C. Cname='数据库')
```

(4) 检索年龄在 18 岁至 20 岁之间（含 18 岁和 20 岁）的女生的学号、姓名及年龄。

方法 1：

```
SELECT Sno, Sname, Age
  FROM S
   WHERE Age>=18  AND Age<=20 AND Sex='女'
```

方法 2（BETWEEN AND）：

```
SELECT Sno, Sname, Age
  FROM S
   WHERE Age BETWEEN 18 AND 20 AND Sex='女'
```

(5) 检索选修了"刘平"老师所讲课程的学生的学号、姓名及成绩。

方法 1：连接查询。

```
SELECT Sno, Sname
  FROM S, SC, C
    WHERE S. Sno=SC. Sno AND SC. Cno=C. Cno AND C. Teacher='刘平'
```

方法 2：嵌套查询。

```
SELECT Sno, Sname
  FROM S
   WHERE Sno IN
     (SELECT Sno
      FROM SC
       WHERE Cno IN
         (SELECT Cno
```

```
            FROM C
            WHERE Cname='MS'AND Teacher='刘平'))
```

(6) 检索选修全部课程的学生姓名。

用 SQL 语句表示如下：

```
SELECT Sname
  FROM S
  WHERE NOT EXISTS
    (SELECT *
     FROM C
      WHERE NOT EXISTS
        (SELECT *
         FROM SC
          WHERE Sno=S.Sno AND Cno=C.Cno))
```

注意，在本例中，

① 外查询 SELECT Sname FROM S WHERE NOT EXISTS 意为从 S 关系中查找这样的学生，不存在……

② 子查询 1 SELECT Sname FROM C WHERE NOT EXISTS 意为从 C 关系中查找这样的课程，不存在……

③ 子查询 2 SELECT * FROM SC WHERE Sno=S．Sno AND Cno=C.Cno 意为将外循环的 S．Sno 等于子查询 2 的 SC Sno，并且子查询 1 的 C.Cno 等于 SC.Cno 的元组找出来。

分析：本题是在外循环中查找一个 S.Sno，并按如下步骤判断是否在结果集中。

在子查询 1 中查找一门课程 C.Cno 看 S.Sno 是否选：若选，则在子查询 1 中查找下一门课程 C.Cno，转①；若未选，那么该学生的学号 Sno 不在结果集中，从外循环找下一个 S.Sno，转①，直到外循环的最后一个 S.Sno。

(7) 检索至少选修了学号为 "1042" 的学生选修的全部课程的学生的学号。

用 SQL 语句表示如下：

```
SELECT Sno
  FROM SC SCX
  WHERE NOT EXISTS
    (SELECT*
     FROM SC SCY
      WHERE SCY. Sno='1042'AND NOT EXISTS
        (SELECT *
         FROM SC SCZ
          WHERE SCZ. Sno=SCX.Sno AND SCZ.Cno=SCY.Cno))
```

(8) 检索所有姓 "樊" 的学生的姓名、年龄和所在系。

```
SELECT Sname, Age, SD
  FROM S
  WHERE Sname LIKE '樊%'
```

(9) 检索选修了三门课以上的学生的姓名、年龄和所在系。

```
SELECT Sname, Age, SD
  FROM S
  WHERE Sno IN
```

```
(SELECT Sno
 FROM SC
  GROUP BY Sno
   HAVING COUNT(*)>3)
```

第 (4) ~ (8) 题基于这样的三个表，即学生表 S、课程表 C 和学生选课表 SC，它们的结构如下：

S（S#，SN，SEX，AGE，DEPT）

C（C#，CN）

SC（S#，C#，GRADE）

其中，S#为学号，SN为姓名，SEX为性别，AGE为年龄，DEPT为系别，C#为课程号，CN为课程名，GRADE为成绩。

4. 检索所有比"王华"年龄大的学生的姓名、年龄和性别。正确的 SELECT 语句是（ ）。

A. SELECT SN，AGE，SEX

    FROM S

      WHERE AGE>(SELECT AGE FROM S

        WHERE SN='王华');

B. SELECT SN，AGE，SEX

    FROM S

      WHERE SN='王华';

C. SELECT SN，AGE，SEX

    FROM S

      WHERE AGE>(SELECT AGE FROM S

        WHERE SN='王华');

D. SELECT SN，AGE，SEX

    FROM S

      WHERE AGE>'王华'. AGE。

解：A。

5. 检索选修课程为"C2"的学生中成绩最高的学生的学号。正确的 SELECT 语句是（ ）。

A. SELECT S#

    FROM SC

      WHERE C#='C2' AND GRADE>=

        (SELECT GRADE FROM SC

        WHERE C#='C2');

B. SELECT S#

    FROM SC

      WHERE C#='C2' AND GRADE IN

        (SELECT GRADE FROM SC

         WHERE C#='C2');

C. SELECT S#
    FROM SC
      WHERE C#='C2' AND GRADE NOT IN
            (SELECT GRADE FROM SC
                WHERE C#='C2');

D. SELECT S#
    FROM SC
      WHERE C#='C2' AND GRADE>=ALL
            (SELECT GRADE FROM SC
                WHERE C#='C2').

解：D。

6. 检索学生姓名及其所选修课程的课程号和成绩。正确的 SELECT 语句是（   ）。

A. SELECT S. SN, SC. C#, SC. GRADE
      FROM S
        WHERE S. S#=SC. S#;

B. SELECT S. SN, SC. C#, SC. GRADE
      FROM SC
        WHERE S. S#=SC. GRADE;

C. SELECT S. SN, SC. C#, SC. GRADE
        FROM S，SC
          WHERE S. S#=SC. S#;

D. SELECT S. SN, SC. C#, SC. GRADE
        FROM S. SC.

解：C。

7. 检索选修4门以上课程的学生的总成绩（不统计不及格的课程），并要求按总成绩的降序排列出来。正确的 SELECT 语句是（   ）。

A. SELECT S#，SUM(GRADE)
      FROM SC
      WHERE GRADE>=60
        GROUP BY S#
          ORDER BY 2 DESC
            HAVING COUNT(*)>=4;

B. SELECT S#，SUM(GRADE)
      FROM SC
      WHERE GRADE>=60
        GROUP BY S#
          HAVING COUNT(*)>=4
            ORDER BY 2 DESC;

C. SELECT S#, SUM(GRADE)
   FROM SC
    WHERE GRADE>=60
       HAVING COUNT(*)>=4
          GROUP BY S#
            ORDER BY 2 DESC;
D. SELECT S#, SUM(GRADE)
   FROM SC
    WHERE GRADE>=60
       ORDER BY 2 DESC
          GROUP BY S#
            HAVING COUNT(*)>=4.

解：B。

8. 假定学生关系是 S（S#，SNAME，SEX，AGE），课程关系是 C（C#，CNAME，TEACHER），学生选课关系是 SC（S#，C#，GRADE）。要查找选修"COMPUTER"课程的"女"学生姓名，将涉及关系（   ）。

A. S   B. SC、C   C. S、SC   D. S、C、SC

解：满足该条件的 SELECT 命令如下：

SELECT SNAME
  FROM S, C, SC
   WHERE SC. C#=C. C# AND C. CNAME='COMPUTER' AND S. S#=
    SC. S# AND S. SEX='女'

本题答案为 D。

5.3   习题

一、选择题

1. SQL 属于（   ）数据库语言。

A. 关系型   B. 网状型   C. 层次型   D. 面向对象型

2. SQL 中创建基本表应使用（   ）语句。

A. CREAT SCHEMA   B. CREATE TABLE
C. CREATE VIEW   D. CREATE DATEBASE

3. SQL 中创建视图应使用（   ）语句。

A. CREATE SCHEMA   B. CREATE TABLE
C. CREATE VIEW   D. CREATE DATEBASE

4. SQL 中创建数据库模式应使用（   ）语句。

A. CREAT SCHEMA   B. CREATE TABLE
C. CREATE VIEW   D. CREATE DATEBASE

5. 视图创建完毕后，数据字典中存放的是（　　）。

 A．查询语句   B．查询结果

 C．视图定义   D．所应用的基本表的定义

6. 关系代数中的 π 运算对应 SELECT 语句中的（　　）子句。

 A．SELECT   B．FROM   C．WHERE   D．GROUP BY

7. 关系代数中的 σ 运算对应 SELECT 语句中的（　　）子句。

 A．SELECT   B．FROM   C．WHERE   D．GROUP BY

8. WHERE 子句的条件表达式中，可以匹配 0 个到多个字符的通配符是（　　）。

 A．*   B．%   C．___   D．?

9. WHERE 子句的条件表达式中，可以匹配单个字符的通配符是（　　）。

 A．*   B．%   C．___   D．?

10. SELECT 语句中与 HAVING 子句同时使用的是（　　）子句。

 A．ORDER BY B．WHERE   C．GROUP BY D．无须配合

11. 与 WHERE G BETWEEN 60 AND 100 语句等价的子句是（　　）。

 A．WHERE G>60 AND G<100   B．WHERE G>=60 AND G<100

 C．WHERE G>60 AND G<=100   D．WHERE G>=60 AND G<=100

12. SELECT 语句执行的结果是（　　）。

 A．数据项   B．元组   C．表   D．视图

13. 若用如下的 SQL 语句创建一个表 student：

```
CREATE TABLE student (NO CHAR(4) NOT NULL,
                      NAME CHAR(8) NOT NULL,
                      SEX CHAR(2),
                      AGE INT)
```

则可以插入 student 表中的是（　　）。

 A．（'1031', '曾华'，男，23）   B．（'1031', '曾华', NULL，NULL）

 C．（NULL, '曾华', '男', '23'）   D．（'1031', NULL, '男'，23）

二、填空题

1. SQL 语言的功能包括_____、_____、_____和_____。

2. SELECT 语句中，_____子句用于选择满足给定条件的元组，使用_____子句可以按指定列的值分组，同时使用_____子句可以提取满足条件的组。

3. 在 SQL 中，如果希望将查询结果进行排序，应在 SELECT 语句中使用_____子句，其中_____选项表示升序，_____选项表示降序。

4. 利用 SELECT 语句进行查询，若希望查询的结果不出现重复元组，应在 SELECT 子句中使用_____保留字。

5. 在 SQL 中，WHERE 子句的条件表达式中，字符串匹配的操作符是_____；与 0 个或多个字符匹配的通配符是_____，与单个字符匹配的通配符是_____。

6. DBA 利用_____语句将对某类数据的操作权限赋予用户，用_____语句收回用户对某类数据的操作权限。

7. 视图是一个虚表，该表是从＿＿＿＿导出的表。在数据库中，只存放视图的＿＿＿＿，不存放视图对应的＿＿＿＿。

8. SQL 语言的数据定义功能包括＿＿＿＿、＿＿＿＿、＿＿＿＿和＿＿＿＿。

9. SQL 是＿＿＿＿。

10. 设有如下关系表 R，主码是 NO。

$$R（NO，NAME，SEX，AGE，CLASS）$$

其中，NO 为学号，NAME 为姓名，SEX 为性别，AGE 为年龄，CLASS 为班号。写出实现下列功能的 SQL 语句。

(1) 插入一条记录（25，"李明"，"男"，21，"95031"）：＿＿＿＿＿＿＿＿＿＿＿；

(2) 插入"95031"班学号为 30、姓名为"郑和"的学生记录：＿＿＿＿＿＿＿＿；

(3) 将学号为 10 的学生姓名改为"王华"：＿＿＿＿＿＿＿＿＿＿＿＿；

(4) 将所有"95101"班号改为"95091"：＿＿＿＿＿＿＿＿＿＿＿＿；

(5) 删除学号为 20 的学生记录：＿＿＿＿＿＿＿＿＿＿＿＿；

(6) 删除姓"王"的学生记录：＿＿＿＿＿＿＿＿＿＿＿＿。

三、问答题

1. 什么是基本表？什么是视图？两者的区别是什么？

2. 试述视图的优点。

3. 所有的视图都可以更新吗？为什么？

4. SELECT 语句中，何时使用分组子句，何时不必使用分组子句？

5. 为什么将 SQL 中的视图称为"虚表"？

四、综合题

1. 用 SQL 为供销数据库创建 4 个表，即供应商 S、零件 P、工程项目 J、供应情况 SPJ，如下：

S（Sno，Sname，Status，City）

J（Jno，Jname，City）

P（Pno，Pname，Color，Weight）

SPJ（Sno，Pno，Jno，Qty）

其中，

S（Sno，Sname，Status，City）的属性分别表示供应商代码、供应商名、供应商状态、供应商所在城市；

J（Jno，Jname，City）的属性分别表示工程号、工程名、工程项目所在城市；

P（Pno，Pname，Color，Weight）的属性分别表示：零件代码、零件名称、零件的颜色、零件的重量。

SPJ（Sno，Pno，Jno，Qty）表示供应的情况，由供应商代码、零件代码、工程号及数量组成。

2. 根据上述题 1 建立的表，用 SQL 语言完成以下操作：

(1) 把对表 S 的 INSERT 权限授予用户张勇，并允许他将该权限授予其他用户；

(2) 把对表 SPJ 和修改 QTY 属性的权限授予用户李天明。

3. 上述题 1 中，4 个具体关系如表 5-3 至表 5-6 所示，用 SQL 语言完成以下操作。

表 5-3 S

Sno	Sname	Status	City
S1	精益	20	天津
S2	盛锡	10	北京
S3	东方红	30	北京
S4	金叶	10	天津
S5	泰达	20	上海

表 5-4 P

Pno	Pname	Color	Weight
P1	螺母	红	20
P2	螺栓	绿	12
P3	螺丝刀	蓝	18
P4	螺丝刀	红	18
P5	凸轮	蓝	16
P6	齿轮	红	23

表 5-5 J

Jno	Jname	City
J1	三建	天津
J2	一汽	长春
J3	造船厂	北京
J4	机车厂	南京
J5	弹簧厂	上海

表 5-6 SPJ

Sno	Pno	Jno	Qty
S1	P1	J1	200
S1	P1	J3	100
S1	P1	J4	700
S1	P2	J2	100
S2	P3	J1	400
S2	P3	J1	200
S2	P3	J3	500
S2	P3	J4	400
S2	P5	J2	400
S2	P5	J1	100
S3	P1	J1	200
S3	P3	J3	200
S4	P5	J4	100
S4	P6	J1	300
S4	P6	J3	200
S5	P2	J4	100
S5	P3	J1	200
S5	P6	J3	200
S5	P6	J4	500

(1) 找出所有供应商的姓名和所在城市；

(2) 找出所有零件的名称、颜色和重量；

(3) 找出使用供应商 S1 所供应零件的工程号码；

(4) 找出工程项目 J2 使用的各种零件的名称及其数量；

(5) 找出上海厂商供应的所有零件号码；

(6) 找出使用上海厂商供应的零件的工程名称；

(7) 找出没有使用天津厂商供应的零件的工程号；

(8) 把全部红色零件的颜色改为蓝色；

(9) 由 S5 供给 J4 的零件 P6 改为由 S3 供应，试进行必要的修改；

(10) 从供应商关系中删除 S2 记录，并从供应情况关系中删除相应的记录；

(11) 试将（S2，J6，P4，200）插入供应情况关系。

4. 已知公司数据库包含如下 4 个基本表：

Department（Dept_No，Dept_Name，Location）

Emplyee（Emp_No，Emp_Name，Dept_no）

Project（Pro_No，Pro_Name，Budegt）

Works（Emp_No，Pro_No，Job）

试用 DDL 语句定义上述 4 个表，并说明主键和外键。

5. 设有如下 4 种关系模式：

图书（书店编号，书店名，地址）；

图书（书号，书名，定价）；

图书馆（馆号，馆名，城市，电话）；

图书发行（馆号，书名，书店名，数量）。

设各关系模式中的数据满足下列问题。试解答：

(1) 用 SQL 语句检索已发行的图书中最贵和最便宜的书名和定价；

(2) 写出下列 SQL 语句所表达的中文意思。

SELECT馆名

　FROM图书馆

　　WHERE馆名IN

　　　(SELECT馆号

　　　　FROM图书发行

　　　　　WHERE书号IN

　　　　　　(SELECT书号

　　　　　　FROM图书

　　　　　　　WHERE书名='数据库系统基础'))

6. 设有职工关系模式如下：

people（pno，pname，sex，job，wage，dptno）

其中，pno为职工号，pname为职工姓名，sex为性别，job为职业，wage为工资，dptno为所在部门号。试写出下列查询使用的SQL语句：

(1) 查询工资比其所在部门平均工资高的所有职工信息；

(2) 查询工资大于"赵明华"工资的所有职工信息。

7. 已知学生表 S 和学生选课表 SC。其关系模式如下：

S（SNO，SN，SD，PROV）

SC（SNO，CN，GR）

其中，SNO为学号，SN为姓名，SD为系号，PROV为省区，CN为课程名，GR为分数。试用SQL语言实现下列操作：

(1) 查询"信息系"的学生来自哪些省区；

(2) 按分数降序排序,输出"英语系"学生中选修了"计算机"课程的学生的姓名和分数。

8. 设有学生表 S（SNO,SN）（SNO 为学号,SN 为姓名）和学生选修课程表 SC（SNO，CNO，CN，G）（CNO 为课程号，CN 为课程名，G 为成绩），试用 SQL 语句完成以下操作：

(1) 建立一个视图 V_SSC（SNO，SN，CNO，CN，G），并按 CNO 升序排序；

(2) 从视图 V_SSC 上查询平均成绩在 90 分以上的 SN、CN 和 G。

9. 已知一个关系数据库的模式如下：

 S（SNO，SNAME，SCITY）

 P（PNO，PNAME，COLOR，WEIGHT）

 J（HNO，JNAME，JCITY）

 SPJ（SNO，PNO，JNO，QTY）

其中，S 表示供应商，S 的各属性依次为供应商号、供应商名和供应商所在城市；P 表示零件，P 的各属性依次为零件号、零件名、零件颜色和零件重量；J 表示工程，J 的各属性依次为工程号、工程名和工程所在的城市；SPJ 表示供货关系，SPJ 的各属性依次为供应商号、零件号、工程号和供货数量。试用 SQL 语句实现下面的查询要求：

(1) 找出北京的任何工程都不购买的零件的零件号；

(2) 按工程号递增的顺序列出每个工程购买的零件总量。

10. 已知一个关系数据库的模式如下：

 market（mno，mname，city）

 item（ino，iname，type，color）

 sales（mno，ino，price）

其中，market 表示商场，market 的各属性依次为商场号、商场名和所在城市；item 表示商品，item 的各属性依次为商品号、商品名、商品类别和颜色；sales 表示销售，sales 的各属性依次为商场号、商品名和售价。试用 SQL 语句实现下面的查询要求：

(1) 列出北京每个商场都销售，且售价均超过 10000 元的商品的商品号和商品名。

(2) 列出在不同商场中最高售价和最低售价之差超过 100 元的商品的商品号及其最高售价和最低售价。

11. 已知 R 和 S 两个关系，如表 5-7、表 5-8 所示。

表 5-7 R

A	B	C
a1	b1	c1
a2	b2	c2
a3	b3	c3

表 5-8 S

C	D	E
c1	d1	e1
c2	d2	e2
c3	d3	e3

执行如下 SQL 语句：

```
(1) CREATE VIEW H(A, B, C, D, E)
       AS SELECT A, B, R. C, D, E
          FROM R, S
            WHERE R.C=S.C
```

(2) SELECT B, D, E

    FROM H

        WHERE C='C2'

试给出：①视图 H；②对视图 H 的查询结果。

12. 关于教学数据库的关系模式如下：

S（S#，SNAME，AGE，SEX）

SC（S#，C#，GRADE）

C（C#，CNAME，TEACHER）

其中，S表示学生，S的各属性依次为学号、姓名、年龄和性别；SC表示成绩，SC的各属性依次为学号、课程号和分数；C表示课程，C的各属性依次为课程号、课程名和任课教师。

试用 SQL 语句完成下列查询：

(1) 检索王老师所授课程的课程号和课程名；

(2) 检索年龄大于 22 岁的男学生的学号和姓名；

(3) 检索学号为 10001 的学生所学课程的课程名与任课教师；

(4) 检索至少选修王老师所授课程中一门课程的女学生姓名；

(5) 检索张同学不学的课程的课程号；

(6) 检索至少选修两门课程的学生学号；

(7) 检索全部学生都选修的课程的课程号与课程名；

(8) 检索选修课程包含王老师所授课程的学生学号。

13. 给定3个表：学生表STUDENT、课程表COURSE和选课表SC，分别如表5-9至表5-11所示。

表 5-9　STUDENT

SNO	SNAME	SEX	BDATE	HEIGHT
0309203	曹丽华	女	1985-6-17	1.65
0208123	李明	男	1984-8-23	1.74
0104421	王浩	男	1983-7-15	1.81
0309119	陈玲	女	1985-8-7	1.65
0209120	孙伟	男	1983-10-15	1.74

表 5-10　COURSE

CNO	LHOUR	CREDIT	SEMESTER
CC-110	60	3	秋
CC-201	80	4	春
CC-221	40	2	秋
DD-122	106	5	秋
DD-201	45	2	春

表 5-11 SC

SNO	CNO	GRADE
0309203	CC-110	82.5
0309203	CC-201	80
0309203	DD-201	75
0208123	DD-122	91
0208123	DD-201	83
0104421	DD-201	100
0104421	CC-110	91
0309119	CC-110	72
0309119	CC-201	65
0209120	CC-221	

要求写出下列的 SQL 语句和查询结果：

(1) 查询身高大于 1.80 m 的男生的学号和姓名；

(2) 查询计算机系秋季所开课程的课程号和学分数；

(3) 查询选修计算机系秋季所开课程的男生的姓名、课程号、学分数、成绩；

(4) 查询至少选修一门电机系课程的女生的姓名；

(5) 查询每位学生已选课程的门数和总平均成绩；

(6) 查询每门课程选课的学生人数、最高成绩、最低成绩和平均成绩；

(7) 查询所有课程的成绩都在 80 分以上的学生的姓名、学号，并按学号升序排列；

(8) 查询缺成绩的学生的姓名、缺成绩的课程号及其学分数；

(9) 查询在三学分以上课程的成绩低于 70 分的学生的姓名；

(10) 查询 1984—1986 年出生的学生的学号、总平均成绩及已修学分数；

(11) 查询不选 CC-110 课程的学生姓名；

(12) 查询每个学生选课门数、最高成绩、最低成绩和平均成绩；

(13) 查询秋季有两门以上课程成绩为 90 分以上的学生的姓名；

(14) 查询选课门数唯一的学生的学号；

(15) 查询秋季有三门以上课程成绩为 75 分以上的学生的姓名；

(16) 查询所学每一门课程成绩均高于等于该课程平均成绩的学生的姓名及相应课程号。

5.4 习题答案

一、选择题

1.A；2.B；3.C；4.D；5.C；6.A；7.C；8.B；9.C；10.C；11.D；12.C；13.B。

二、填空题

1. 数据查询，数据操纵，数据定义，数据控制。

2. WHERE，GROUP BY，HAVING。

3. ORDER BY，ASC，DESC。

4. DESTINCT。

5. LIKE，%，_。

6. GRANT，REVOKE。

7. 一个或几个基本表，定义，数据。

8. 定义数据库，定义基本表，定义视图，定义索引。

9. 结构化查询语言。

10. (1) INSERT INTO R VALUES（25，' 李明 '，' 男 '，21，'95031'）；

    (2) INSERT INTO R（NO，NAME，CLASS）VALUES（30，' 郑和 '，'95031'）；

    (3) UPDATE R SET NAME=' 王华 'WHERE NO=10；

    (4) UPDATE R SET CLASS="95091" WHERE CLASS='95101'；

    (5) DELETE FROM R WHERE NO=20；

    (6) DELETE FROM R WHERE NAME LIKE ' 王 %'。

三、问答题

1. 答：基本表是独立存在的表，在 SQL 中，一个关系对应于一个表，一个表对应于一个存储文件。视图是在创建时，将其定义存放在数据字典中，而并不存放视图对应的数据，因此视图是从一个或几个基本表中导出来的，视图本身不独立存储在数据库中，是一个虚表。两者的区别是基本表独立存放于数据库中，而视图存放的只是视图的定义。

2. 答：视图的优点主要有 4 个方面。

(1) 能够简化用户的操作；

(2) 用户可以从多种角度看待数据；

(3) 视图对重构数据库提供了一定程度的逻辑独立性；

(4) 视图能对机密数据提供安全保护。

3. 答：并不是所有的视图都可以更新，因为有些视图的更新不能唯一地、有意义地转换成相应的基本表的更新。

4. 答：SELECT 语句中使用分组子句的先决条件是要有聚合函数。当聚合函数的值与其他属性的值无关时，不必使用分组子句。当聚合函数的值与其他属性的值有关时，必须使用分组子句。

5. 答：在 SQL 中创建一个视图时，系统只是将视图的定义存放在数据字典中，并不存储视图对应的数据，在用户使用视图时才去求对应的数据，因此，我们将视图称为"虚表"。这样处理的目的是节约存储空间，因为视图对应的数据都可以从相应的基本表中获得。

四、综合题

1. 答：设有一个供应商、零件、工程项目、供应情况数据库 SPJ，并有如下关系：

供应商关系模式 S 为 S（Sno,Sname,Status,City），其中属性的含义分别为供应商代码、供应商名、供应商状态、供应商所在城市。

```
CREATE TABLE S(Sno CHAR(3)NOT NULL UNIQUE,
            Sname CHAR(30)UNIQUE,
            Status CHAR(8),
            City CHAR(20))
```

零件关系模式 J 为 J（Jno，Jname，City），其中属性的含义分别为工程号、工程名、工程项目所在城市。

```
CREATE TABLE J(Joo CHAR(4) NOT NULL UNIQUE,
               Jname  CHAR(30),
               City CHAR(20))
```

工程项目关系模式 P 为 P（Pno，Pname，Color，Weight），其中属性的含义分别为零件代码、零件名称、零件的颜色、零件的重量。

```
CREATE TABLE P(Pno CHAR(3) NOT NULL UNIQUE,
               Pname CHAR(20),
               Color CHAR(2),
               Weight INT)
```

供应情况关系模式 SPJ 为 SPJ（Sno，Pno，Jno，Qty），表示供应的情况，由供应商代码、零件代码、工程号及数量组成。

```
CREATE TABLE SPJ(Sno CHAR(3)NOT NULL,
                 Pno CHAR(3)NOT NULL,
                 Jno CHAR(4)NOT NULL,
                 Qty INT,
                 PRIMARY  KEY(Sno, Pno, Jno),
                 FOREIGNKEY(Sno)REFERENCES S(Sno),
                 FOREIGNKEY(Pno)REFERENCES P(Pno),
                 FOREIGNKEY(Jno)REFERENCES J(Jno)).
```

其中，"PRIMARY KEY"定义关系中的主码，"FOREIGNKEY"定义关系中的外码。

2. 答：

(1) GRANT INSERT ON TABLE S TO 张勇 WITH GRANT OPTION；

(2) GRANT UPDATE（Qty）ON TABLE SPJ TO 李天明。

3. 答：(1) 找出所有供应商的姓名和所在城市。

```
SELECT Sname, City
   FROM S
```

(2) 找出所有零件的名称、颜色和重量。

```
SELECT Pname, Color, Weight
   FROM P
```

(3) 找出使用供应商 S1 所供应零件的工程号码。

```
SELECT DISTINCT(Jno)
   FROM SPJ
   WHERE Sno='S1'
```

(4) 找出工程项目 J2 使用的各种零件的名称及其数量。

方法 1：连接查询

```
SELECT Jname, Qty
   FROM P, SPJ
   WHERE P.pno=SPJ.pno AND SPJ.jno='J2'
```

方法 2：嵌套查询

```
SELECT Jname, Qty
 FROM  P
```

```
WHERE pno IN
    (SELECT Pno
        FROM SPJ
          WHERE  jno='J2')
```

(5) 找出上海厂商供应的所有零件号码。

方法1：连接查询。

```
SELECT Distinct(Pno)
  FROM S, SPJ
    WHERE S.sno=SPJ.sno AND S.city='上海'
```

方法2：嵌套查询。

```
SELECT Distinct(Pno)
  FROM SPJ
    WHERE Sno IN
      (SELECT Sno
        FROM S
          WHERE City='上海')
```

(6) 找出使用上海厂商供应的零件的工程名称。

方法1：连接查询。

```
SELECT Jname
  FROM S, SPJ, J
    WHERE J.Jno=SPJ.Jno AND S.sno=SPJ.sno AND S.city='上海'
```

方法2：嵌套查询。

```
SELECT Jname
  FROM J
    WHERE Jno IN
      (SELECT Jno
        FROM SPJ
          WHERE Sno IN
            (SELECT Sno
              FROM S
                WHERE City='上海'))
```

(7) 找出没有使用天津厂商供应的零件的工程号码。

方法1：连接查询。

```
SELECT Jno
  FROM S, SPJ
    WHERE S.sno=SPJ.sno AND S.city<>'天津'
```

方法2：嵌套查询。

```
SELECT Jno
    FROM SPJ
      WHERE Sno IN
        (SELECT Sno
          FROM S
            WHERE City<>'天津')
```

(8) 把全部红色零件的颜色改为蓝色。

```
Update P
 SET Color='蓝'
   Where Color='红'
```

(9) 由 S5 供给 J4 的零件 P6 改为由 S3 供应，并进行必要的修改。

```
Update SPJ
 SET Sno='S3'
   Where Sno='S5'AND Jno='J4'AND Pno='P6'
```

(10) 从供应商关系中删除 S2 记录，并从供应情况关系中删除相应的记录。

```
DELETE
  FROM S
    Where Sno='S2';
     DELETE
      FROM SPJ
       Where Sno='S2'
```

(11) 将（S2，J6，P4，200）插入供应情况关系。

```
INSERT
  INTO SPJ
    VALUES('S2', 'J6', 'P4', 200)
```

4. 答：

```
CREATE TABLE Department(Dept_No CHAR(3)NOT NULL UNIQUE
                        Dept_Name CHAR(30)UNIQUE,
                        Location CHAR(20),
                        PRIMARY KEY(Dept_No))
    CREATE TABLE Emplyee
                        (Emp_No CHAR(3)NOT NULL UNIQUE,
                         Emp_Name CHAR(30)UNIQUE,
                         Dept_no CHAR(3)
                         PRIMARY KEY(Emp_No),
                         FOREIGNKEY(Dept_no)REFERENCES Depar tment
(Dept_no))
CREATE TABLE Project (Pro_No CHAR(3)NOT NULL UNIQUE,
                      Pro_Name CHAR(30)UNIQUE,
                      Budegt INT,
                      PRIMARY KEY(Pro_No))
CREATE TABLE Works
                      (Emp_No CHAR(3),
                      Pro_No CHAR(3),
                      Job CHAR(3),
                      PRIMARY KEY(Emp_No，Pro_No),
                      FOREIGNKEY(Emp_No)REFERENCES Emplyee(Emp_No),
                      FOREIGNKEY(Dept_no)REFERENCES
                      Department(Dept_no)).
```

5. 答：(1) 对应的 SQL 语句如下：

```
SELECT 图书.书名，图书.定价
  FROM 图书
    WHERE 定价=(SELECT MAX(定价)
```

```
        FROM 图书，图书发行
          WHERE 图书.书号=图书发行.书号)
UNION
 SELECT 图书.书名,图书.定价
   FROM 图书
     WHERE 定价=(SELECT MIN(定价)
       FROM 图书，图书发行
         WHERE 图书.书号=图书发行.书号);
```

(2) 查询拥有已发行的《数据库系统基础》一书的图书馆馆名。

6. 答：对应的 SQL 语句如下：

```
(1) SELECT *
    FROM  people  x
     WHERE wage >
       (SELECT  AVG(wage)
         FROM  people y
           WHERE x.dptno=y.dptno)
(2) SELECT  *
        FROM people
            WHERE wage >
             (SELECT wage
               FROM people
                WHERE pname='赵明华')
```

7. 答：

```
(1) SELECT DISTINCT PROV
    FROM S
    WHERE SD='信息系'
(2) SELECT SN, GR
    FROM S，SC;
      WHERE SD='英语系'AND CN='计算机' AND S.SNO=SC.SNO
          ORDER BY GR DESC
```

8. 答：

```
(1) CREATE VIEW V_SSC(SNO, SN, CNO, CN, G)
    AS SELECT S.SNO, S.SN, SC.CNO, SC.CN, SC.G
     FROM S, SC
       WHERE S.SNO=SC.SNO
           ORDER BY CNO
(2) SELECT SN, CN, G
    FROM V_SSC
      GROUP BY SNO
        HAVING AVG(G)>90
```

9. 答：对应的 SQL 语句如下：

```
(1) SELECT PNO
    FROM  P
      WHERE NOT EXISTS
        (SELECT *
            FROM SPJ, S
              WHERE SPJ.SNO=S.SNO AND SPJ.PNO=P.PNO AND S.SCITY='北京')
```

```
(2) SELECT JNO，SUM(QTY)
      FROM SPJ
       GROUP BY JNO
        ORDER BY JNO ASC
```

10. 对应的 SQL 语句如下：

```
(1) SELECT ino, iname
      FROM item
       WHERE NOT EXISTS
        (SELECT *
         FROM market
          WHERE city='北京'AND NOT EXISTS
           (SELECT *
             FROM sales
              WHERE item.ino=sales.ino AND market.mno=sales.Mno
               AND price>10000))
(2) SELECT ino，MAX(price)，MIN(price)
      FROM sales
       GROUP BY ino
        HAVING MAX(price)-MIN(price)>100
```

11. 答：(1) 视图 H 如表 5-12 所示。

表 5-12　H

A	B	C	D	E
a1	b1	c1	d1	e1
a2	b2	c2	d2	e2
a3	b3	c2	d2	e2

(2) 视图 H 的查询结果如表 5-13 所示。

表 5-13　视图 H 的查询结果

B	D	E
b2	d2	e2
b3	d2	e2

12. 答：对应的 SQL 语句如下：

```
(1) SELECT C#, CNAME
      FROM  C
       WHERE  TEACHER='王'
(2) SELECT S#，SNAME
      FROM  S
       WHERE AGE>22 AND SEX='男'
(3) SELECT CNAME，TEACHER
      FROM SC, C
       WHERE SC.C#=C. C# AND S#='10001'
```

(4) 采用连接查询方式，语句如下：

```
    SELECT SNAME
      FROM S, SC, C
        WHERE S.S#=SC.S# AND SC.C#=C.C# AND SEX='女'AND TEACHER='王'
```

采用嵌套查询方式，语句如下：

```
SELECT SNAME
  FROM S
    WHERE SEX='女'AND S# IN
      (SELECT S#
        FROM SC
          WHERE C# IN
            (SELECT C#
              FROM C
                WHERE TEACHER='王'))
```

(5)
```
SELECT C#
    FROM C
      WHERE NOT EXISTS
        (SELECT *
          FROM S, SC
            WHERE S. S#=SC. S# AND SC. C#=C. C# AND SNAME='张')
```

(6)
```
SELECT DISTINCT  X.S#
    FROM SC X, SC Y
      WHERE X.S#=Y.S# AND X.C#!=Y.C#
```

(7)
```
SELECT C#, CNAME
    FROM C
      WHERE NOT EXISTS
       (SELECT *
         FROM  S
           WHERE NOT EXISTS
             (SELECT *
               FROM SC
                 WHERE S#=S.S# AND C#=C.C#))
```

(8)
```
SELECT DISTINCT S#
    FROM  SC  X
      WHERE NOT EXISTS
        (SELECT  *
          FROM  C
            WHERE TEACHER='王' AND NOT EXISTS
             (SELECT  *
               FROM SC Y
                 WHERE Y.S#=X.S# AND Y.C#=C.C#))
```

13. 答：对应的 SQL 语句如下：

(1)
```
SELECT SNO, SNAME
  FROM STUDENT
    WHERE SEX='男'
      AND HEIGHT>1.80
```

查询结果如表 5-14 所示。

表 5-14　查询结果 1

SNO	SNAME
0104421	王浩

(2)
```
SELECT CNO, CREDIT
    FROM COURSE
```

```
      WHERE CNO LIKE 'CC*'
        AND SEMESTER='秋'
```

查询结果如表 5-15 所示。

表 5-15 查询结果 2

CNO	CREDIT
CC-110	3
CC-221	2

```
(3) SELECT SNAME, COURSE.CNO, CREDIT, GRADE
      FROM STUDENT, COURSE, SC
      WHERE STUDENT.SNO=SC.SNO
       AND COURSE.CNO=SC.CNO
         AND SEX='男'
           AND COURSE.CNO LIKE 'CC*'
             AND SEMESTER='秋'
```

查询结果如表 5-16 所示。

表 5-16 查询结果 3

SNAME	CNO	CREDIT	GRADE
王浩	CC-110	3	91
孙伟	CC-221	2	

```
(4) SELECT SNAME
      FROM STUDENT
        WHERE SEX='女'
          AND SNO IN
           (SELECT SNO
             FROM SC
               WHERE CNO LIKE 'DD*')
```

查询结果如表 5-17 所示。

表 5-17 查询结果 4

SNAME
曹丽华

```
(5) SELECT COUNT(CNO),AVG(GRADE)
      FROM SC
        GROUP BY SNO
```

查询结果如表 5-18 所示。

表 5-18 查询结果 5

SNO	COURSES	AVGGRADE
0104421	2	95.5
0208123	2	87
0209120	1	
0309119	2	68.5
0309203	3	79.2

(6) SELECT CNO，COUNT(SNO)，MAX(GRADE)，MIN(GRADE)，AVG(GRADE)
      FROM SC
        GROUP BY CNO

查询结果如表 5-19 所示。

表 5-19   查询结果 6

CNO	STUDENT	MAX(GRADE)	MIN(GRADE)	AVG(GRADE)
CC-110	3	91	72	81.8
CC-201	2	80	65	72.5
CC-221	1			
DD-122	1	91	91	91
DD-201	3	100	86	86

(7) SELECT SNAME, SNO
      FROM STUDENT
        WHERE SNO NOT IN
          (SELECT SNO
            FROM SC
              WHERE GRADE<80 OR GRADE IS NULL)
                ORDER BY SNO

查询结果如表 5-20 所示。

表 5-20   查询结果 7

SNAME	SNO
王浩	0104421
李明	0208123

(8) SELECT SNAME, COURSE.CNO, CREDIT
      FROM STUDENT, COURSE, SC
        WHERE STUDENT.SNO=SC.SNO
          AND COURSE.CNO=SC.CNO
            AND GRADE IS NULL

查询结果如表 5-21 所示。

表 5-21   查询结果 8

SNAME	CNO	CREDIT
孙伟	CC-221	2

(9) SELECT SNAME
      FROM STUDENT
        WHERE SNO IN
          (SELECT SNO FROM SC
            WHERE GRADE<70
              AND CNO IN
                (SELECT CNO FROM COURSE
                  WHERE CREDIT>=3))

查询结果如表 5-22 所示。

表 5-22 查询结果 9

SNAME
陈玲

(10) SELECT STUDENT.SNO，AVG(GRADE)，SUM(CREDIT)
        FROM STUDENT，SC，COURSE
            WHERE STUDENT.SNO=SC.SNO
            AND COURSE.CNO=SC.CNO
            AND YEAR(BDATE)>=1984
                AND YEAR(BDATE)<=1986
            GROUP BY STUDENT.SNO

查询结果如表 5-23 所示。

表 5-23 查询结果 10

SNO	AVG（GRADE）	CREDIT
0208123	87	7
0309119	68.5	7
0309203	79.2	9

(11) SELECT SNAME
        FROM STUDENT
            WHERE NOT EXISTS
            (SELECT *
                FROM SC
                    WHERE SNO=STUDENT.SNO AND CNO='CC-110')

查询结果如表 5-24 所示。

表 5-24 查询结果 11

SNAME
李明
孙伟

(12) SELECT SNO, COUNT(CNO)AS COUNT, MAX(GRADE)AS maxGrade, MIN(GRADE)AS
    MINgRADE, AVG(GRADE) AS avgGrade
        FROM SC
            GROUP BY SNO

查询结果如表 5-25 所示。

表 5-25 查询结果 12

	SNO	COUNT	MAX（GRADE）	MIN（GRADE）	AVG（GRADE）
1	0104421	2	100.0	91.0	95.0
2	0208123	2	91.0	83.0	87.0
3	0209120	1	NULL	NULL	NULL
4	0309119	2	72.0	65.0	68.5
5	0309203	3	82.5	75.0	79.2

(13) SELECT SNAME
```
     FROM STUDENT, SC, COURSE
       WHERE  SC.GRADE>=90.0 AND STUDENT.SNO=SC.SNO
         AND SC.CNO=COURSE.CNO
         AND COURSE.SEMESTER='秋'
           GROUP BY SC. SNO
             HAVING COUNT(*)>=2
```

查询结果为：结果为空，无人满足条件。

(14) SELECT SNO
```
     FROM  SC  SCX
       WHERE SNO NOT IN
         (SELECT SNO
           FROM SC
             WHERE CNO!=SCX. CNO)
```

查询结果如表 5-26 所示。

表 5-26　查询结果 13

SNO
0209120

(15) SELECT SNAME
```
     FROM STUDENT，SC, COURSE
       WHERE SC.GRADE>=75.0 AND STUDENT.SNO=SC.SNO
         AND SC.CNO=COURSE.CNO
         AND COURSE.SEMESTER='秋'
           GROUP BY SC.SNO
             HAVING COUNT(*)>=3
```

查询结果为：结果为空，无人满足条件。

(16) SELECT SNAME, CNO
```
     FROM STUDENT, SC
       WHERE STUDENT.SNO=SC.SNO
         AND SC.SNO NOT IN
           (SELECT SC.SNO
             FROM SC
               (SELECT CNO，AVG(GRADE) AVG_GRADE
                 FROM SC
                   GROUP BY CNO)
                     AS T
                       WHERE SC.CNO=T.CNO
                         AND SC.GRADE<T.AVG_GRADE)
```

查询结果如表 5-27 所示。

表 5-27　查询结果 14

	SNAME	CNO
1	王浩	CC-110
2	王浩	DD-201

6 数据库保护

6.1 内容提要

6.1.1 事务的 4 个性质

事务的原子性，是指一个事务对数据库的所有操作，是一个不可分割的工作单元。原子性是由 DBMS 的事务管理子系统实现的。事务的原子性保证了数据库系统的完整性。

事务的一致性，是指数据不会因事务的执行而遭受破坏。事务的一致性是由 DBMS 的完整性子系统实现的。事务的一致性能保证数据库的完整性。

事务的隔离性，是指事务的并发执行与这些事务单独执行时的结果一样。事务的隔离性是由 DBMS 的并发控制子系统实现的。事务的隔离性使并发执行的事务不必关心其他事务，如同在单用户环境下执行的一样。

事务的持久性，是指事务对数据库的更新应永久地反映在数据库中。持久性是由 DBMS 的恢复管理子系统实现的。事务的持久性能保证数据库具有可恢复性。

6.1.2 数据库完整性与安全性的区别

数据库的完整性是为了防止用户在使用数据库时向数据库中添加不符合语义的数据，完整性措施的防范对象是不符合语义的数据。数据库的安全性是指保护数据库以防止非法使用所造成的数据泄露、更改或破坏，安全性措施的防范对象是非法用户和非法操作。

6.1.3 数据库的安全性措施

SQL 中有两种安全机制：一种是视图机制，对不同的用户定义不同的视图，使用户只能看到与自己有关的数据，这种机制对无权用户屏蔽数据，提供了一定的安全性；另一种是授权子系统，通过授权和收回权限，使用户只能在指定范围内对数据库进行操作，有效地避免了用户的越权行为，从而保证了数据库的安全性。

1. 视图机制

视图是从一个或几个基本表导出的表，是虚表，仅从概念来说，视图和基本表是相同的。视图定义后可以像基本表一样用于查询和删除，并且用户可以在视图上再定义视图，数据库不存储视图的数据，只存储其定义（存在数据字典中），但其更新操作（插入、删除、修改）会受到限制。

视图机制把用户可以使用的数据定义在视图中，这样用户就不能使用视图定义以外的其他数据，从而保证了数据库的安全性。

2. 授权子系统

SQL 语言使用 GRANT 语句为用户授予使用关系和视图的权限。

6.1.4　数据库安全性级别

数据库的安全性有多种级别。

1. 环境级

应采取有效措施防止恶意破坏计算机系统的机房和设备。

2. 职员级

遵守工作纪律，加强职业道德教育，保证内部职员的纯洁性，并严格控制用户访问数据库的权限。

3. 操作系统级

未经授权，用户绝不可以从操作系统处访问数据库。

4. 网络级

随着网络的普及应用，用户可通过网络对大部分数据库系统进行远程访问，所以必须严格保证网络软件内部的安全性。

5. 数据库系统级

数据库系统必须检查用户的身份是否合法，被授予的权限是否正确。

6.1.5　保护数据库完整性的方法

在 SQL 中，各种完整性约束都是数据库模式定义的一部分。这些完整性约束可以大大提高完整性检测的效率，有效防止对数据库的无意破坏，同时，编程人员的任务也大大减少。

对完整性约束的设置及检测，可以采取不同的方式加以实现：

(1) 主键约束；

(2) 外键约束；

(3) 在属性之上的约束；

(4) 全局约束；

(5) 对约束的命名、撤销和添加操作。

6.1.6　并发控制

数据库作为共享资源，允许多个用户程序并行地存取数据。如果是串行执行，则意味着某一个用户在运行程序时，其他用户想对数据库进行存取，就必须等待，直到这个用户的程序结束。可想而知，在这个用户进行大量数据输入 / 输出交换的长时间内，数据库系统一直处于闲置状态。这样大大地限制了系统资源的有效利用，为了充分利用资源，允许多个用户并行地操作数据库。在多用户系统中，多个事务可能同时对同一数据进行操作，这种操作称为并发操作。并发操作若不加控制就可能会调取和存储不正确的数据，破坏数据库的一致性。

6.1.7 死锁的定义与检测方法及预防和解决死锁的方法

在事务和锁的使用过程中，死锁是一个不可避免的现象。

如果有两个事务分别锁定了两个单独的对象，而每个事务都在等待另外一个事务解除封锁才能执行下去，结果两个事务都处于等待状态，任何一个事务都无法执行，这种现象称为死锁。

解决死锁问题是由 DBMS 的一个死锁测试程序完成的。当发生死锁现象时，系统可以自动检测到。DBMS 中的死锁测试程序会定时检查是否发生死锁，若发现死锁，则抽出某个事务作为牺牲品，把该事务撤销进行回退操作，解除所有封锁，恢复事务到初始状态，释放的数据分配给其他事务，有可能消除死锁现象。在发生死锁的两个事务中，根据事务处理时间的长短来确定它们的优先级。处理时间长的事务具有较高的优先级，处理时间短的事务具有较低的优先级。当发生冲突时，保留优先级高的事务，取消优先级低的事务。

6.1.8 数据库故障的种类与恢复方法

数据库故障主要有三类：事务故障、系统故障和介质故障。前两类故障未破坏数据库，但使其中某些数据变得不正确，此时只需利用日志撤销或重做事务。介质故障将破坏数据库，此时只能把数据库备份拷贝到新的磁盘，再利用日志重做事务对数据库进行修改。

6.2 例题解析

1. 下面不属于数据库运行过程中可能发生的三类故障是（   ）。

    A. 系统故障   B. 事务故障

    C. 违背完整性约束条件   D. 介质故障

解： 在数据库运行过程中可能发生的故障主要有三类：事务故障、系统故障和介质故障。

(1) 事务故障是指事务在运行过程中，由于种种原因，如输入/输出数据的错误、运行溢出、违反了某些完整性限制、某些应用程序的错误以及并行事务发生死锁等，事务未运行至正常终止点就夭折了。

(2) 系统故障是指系统在运行过程中，由于某种原因，如中央处理机或操作系统故障、操作员操作失误、突然停电等造成系统停止运行，致使所有正在运行的事务都以非正常方式终止。

(3) 介质故障是指系统在运行过程中，由于某种硬件故障，存储在外存中的数据部分丢失或全部丢失。

本题答案为 C。

2. 下面属于数据库恢复的实现方法是（   ）。

    A. 建立日志文件   B. 备份日志文件

    C. 增加 UPS 电源   D. 增加安全性措施

解：数据库恢复的基本原理是，利用存储在系统其他地方的冗余数据来重建数据库中已被破坏或已经不正确的那部分数据。数据库恢复主要有下列两种实现方法。

(1) 定期对整个数据库进行复制和转储（备份），一旦系统发生介质故障，数据库遭到破坏，DBA 就可以将备份重新装入，把数据库恢复起来。备份是数据库恢复中采用的基本技术。但重装备份只能将数据库恢复到备份时的状态，要想恢复到故障发生时的状态，必须重新运行自备份以后的所有更新事务。

(2) 建立日志文件，日志文件中记载了事务在执行过程中从事务开始到事务结束时对数据库的插入、删除和修改等有关信息。一旦事务发生事务故障和系统故障，系统就通过日志文件自动执行 UNDO（撤销）操作，对已经结束的不可靠的事务进行 REDO（重做），并协助进行系统故障恢复。

本题答案为 A。

3. 日志文件用于记录（　　）。

    A. 应用程序的执行结果　　　　　　　　B. 对数据的更新操作

    C. 应用程序的运行过程　　　　　　　　D. 数据库系统故障特征

解：在数据库系统中，使用最为广泛的记录数据库中更新活动的结构是日志，日志是日志记录的序列，日志记录了数据库中的重要更新活动。

本题答案为 B。

4. 在多用户共享系统中，多个用户同时对同一个数据进行操作称为（　　）。

    A. 并行操作　　　　　B. 串行操作　　　　　C. 共享操作　　　　　D. 并发操作

解：在多用户共享系统中，如果多个用户同时对同一个数据进行操作称为并发操作。并发操作时，事务之间可能有干扰，带来的数据不一致性包括三类：丢失修改、不一致检索和读"脏"数据，从而破坏了事务的隔离性。为此，利用并发控制来实现正确的方法调度并发操作。

本题的答案为 D。

5. 事务的持久性由数据库系统中的（　　）负责。

    A. 完整性控制部件　　　　　　　　　　B. 安全性控制部件

    C. 恢复管理部件　　　　　　　　　　　D. 并发控制部件

解：事务有 4 个特性：原子性（atomicity）、一致性（consistency）、隔离性（isolation）和持久性（durability）。这 4 个特性也简称为 ACID 特性。

本题答案为 C。

6. 关于"死锁"，下列说法中正确的是（　　）。

    A. 死锁是操作系统中的问题

    B. 在数据库操作中防止死锁的方法是禁止两个用户同时操作数据库

    C. 当两个用户竞争相同资源时不会死锁

    D. 只有出现并发操作时，才有可能出现死锁

解："死锁"是指在并发执行的事务中，一个事务如果申请锁而未获准，则需等待其他事务释放锁。如果事务中出现了循环等待而不加干预，则会一直等待下去，即发生了死锁。

本题的答案为 D。

6.3 习题

一、选择题

1. 在对数据库的系统故障进行恢复时，需要对日志文件进行（　　）。
    A．反向扫描　　　　B．正向扫描　　　　C．双向扫描　　　　D．随机扫描

2. 下列权限中，（　　）不是数据库的访问权限。
    A．Read 权限　　　B．Resource 权限　　C．Update 权限　　D．Lock 权限

3. 不属于系统故障的是（　　）。
    A．CPU 故障　　　　B．操作系统故障　　C．磁头故障　　　　D．突然停电

4. 数据库系统发生故障时，可以基于日志进行恢复。下面列出的条目中，（　　）是日志记录的内容。
    I．事务开始信息　II．更新信息　III．提交信息　IV．事务中止信息
    A．I、II和IV　　B．I、III和IV　　C．II、III和IV　　D．前述都是

5. 先写日志的原则是为了发生故障后保持数据库的（　　）所必须遵循的原则。
    A．原子性和持久性　　　　　　　　　B．一致性和持久性
    C．原子性和一致性　　　　　　　　　D．原子性和隔离性

6. "授权"和"撤权"是 DBS 采用的（　　）措施。
    A．安全性　　　　　B．隔离性　　　　　C．并发控制　　　　D．恢复

7. 数据库的安全控制（　　）。
    A．用于保证数据的完整性与有效性
    B．涉及法律和道德诸方面的问题
    C．对计算机系统至关重要，但对多用户使用的数据库必要性不大
    D．只要用户通过口令测试，就可以无限制地访问数据库

8. 下面几种故障中，会使数据库遭到破坏的是（　　）。
    A．中央处理器的故障　　　　　　　　B．操作系统的故障
    C．突然停电　　　　　　　　　　　　D．瞬时的强磁场干扰

9. （　　）是属于安全性遭到破坏的情况。
    A．用户读取未提交事务修改过的"脏"数据
    B．由于系统断电而破坏了数据库中的数据
    C．非法用户读取数据库中的数据
    D．丢失更新问题

10. （　　）不是数据库系统必须提供的数据控制功能。
    A．安全性　　　　　B．可移植性　　　　C．完整性　　　　　D．并发控制

11. "断言"是数据库系统采用的（　　）。
    A．完整性约束　　　B．安全性措施　　　C．恢复措施　　　　D．并发控制

12. 数据完整性保护中的约束条件主要是指（　　）。
    A．用户操作权限的约束　　　　　　　B．用户口令校对
    C．值的约束和结构约束　　　　　　　D．并发控制的约束

13. 数据库管理系统通常提供授权功能来控制不同用户访问数据的权限,这主要是为了实现数据库的( )。

    A. 可靠性   B. 一致性   C. 并发控制   D. 安全性

14. 事务日志用于保存( )。

    A. 程序运行过程   B. 程序的执行结果

    C. 对数据的更新操作   D. 数据操作

15. 表示两个或多个事务可以同时运行而不互相影响的是( )。

    A. 原子性   B. 一致性   C. 隔离性   D. 持久性

16. 一个事务的执行,要么全部完成,要么全部不做。一个事务中对数据库的所有操作都是一个不可分割的操作序列的属性是( )。

    A. 原子性   B. 一致性   C. 隔离性   D. 持久性

17. SQL 语言中用( )语句实现事务的回滚。

    A. CREATE TABLE   B. ROLLBACK

    C. GRANT 和 REVOKE   D. COMMIT

18. 若系统在运行过程中,由于某种硬件故障,使存储在外存上的数据部分损失或全部损失,这种情况称为( )。

    A. 介质故障   B. 运行故障   C. 系统故障   D. 事务故障

19. 为了防止一个用户的工作不适当地影响另一个用户,应该采取( )。

    A. 完整性控制   B. 访问控制   C. 安全性控制   D. 并发控制

20. 解决并发操作带来的数据不一致问题普遍采用( )技术。

    A. 封锁   B. 存取控制   C. 恢复   D. 协商

21. 下列不属于并发操作带来的问题是( )。

    A. 丢失修改   B. 不可重复读   C. 死锁   D. 脏读

22. DBMS 普遍采用( )方法来保证调度的正确性。

    A. 索引   B. 授权   C. 封锁   D. 日志

23. 设有事务 T1 和 T2 对数据库中的数据 A 进行操作,可能有如下几种情况,( )不会发生冲突操作。

    A. T1 正在写 A,T2 要读 A   B. T1 正在写 A,T2 也要写 A

    C. T1 正在读 A,T2 要写 A   D. T1 正在读 A,T2 也要读 A

24. 如果有两个事务,同时对数据库中同一数据进行操作,不会引起冲突的操作是( )。

    A. 一个是 DELETE,一个是 SELECT   B. 一个是 SELECT,一个是 DELETE

    C. 两个都是 DELETE   D. 两个都是 SELECT

25. 在数据库系统中,死锁属于( )。

    A. 系统故障   B. 事务故障   C. 介质故障   D. 程序故障

26. ( )不属于实现数据库系统安全性的主要技术和方法。

    A. 存取控制技术   B. 视图技术

    C. 审计技术   D. 出入机房登记和加锁

27. SQL 中的视图提高了数据库系统的（   ）。

    A．完整性　　　　　B．并发控制　　　　C．隔离性　　　　D．安全性

28. SQL 语言的 GRANT 和 REMOVE 语句主要用来维护数据库的（   ）。

    A．完整性　　　　　B．可靠性　　　　　C．安全性　　　　D．一致性

29. 在数据库的安全性控制中，授权的数据对象（   ），授权子系统就越灵活。

    A．范围越小　　　B．约束越细致　　　C．范围越大　　　D．约束范围大

30.（   ）是并发控制的主要方法。

    A．授权　　　　　B．封锁　　　　　　C．日志　　　　　D．索引

31. 若事务 T 对数据 R 已加 X 锁，则其他事务对数据 R（   ）。

    A．可以加 S 锁但不能加 X 锁　　　　　　B．不能加 S 锁但可以加 X 锁

    C．可以加 S 锁也可以加 X 锁　　　　　　D．不能加任何锁

二、问答题

1. 什么是数据库的完整性？ DBMS 的完整性子系统的功能是什么？

2. SQL 中有哪些完整性约束机制？

3. 数据库的完整性和一致性有何异同点？

4. 数据库的安全性和完整性有什么区别和联系？

5. 数据库完整性受到破坏的原因主要来自哪几个方面？

6. 试述数据库权限的作用。

7. 试述事务的概念及事务的 4 个特性。

8. 数据库运行中可能产生的故障有哪几类？哪些故障影响事务的正常执行？哪些故障破坏数据库的数据？

9. 为什么事务非正常结束时会影响数据库数据的正确性？试列举一例说明之。

10. 什么是日志文件？为什么要设立日志文件？

11. 登记日志文件时为什么必须先写日志文件，后写数据库？

12. 在数据库中为什么要并发控制？

13. 并发操作可能会产生哪几类数据不一致？用什么方法能避免各种不一致的情况？

14. 什么是封锁？

15. 试述活锁的产生原因和解决方法。

16. 试给出预防死锁的若干方法。

17. 什么是数据库的安全性？

18. 数据库安全性和计算机系统的安全性有什么关系？

19. 试述实现数据库安全性控制的常用方法和技术。

三、综合题

1. 今有两种关系模式：

职工（职工号，姓名，年龄，职务，工资，部门号）；

部门（部门号，名称，经理名，地址，电话号码）。

请用 SQL 的 GRANT 和 REVOKE 语句（加上视图机制）完成以下授权定义或存取控

制功能：

(1) 用户张亮对两个表有 SELECT 权力；

(2) 用户刘勇对两个表有 INSERT 和 DELETE 权力；

(3) 每个职工只对自己的记录有 SELECT 权力；

(4) 用户李全对职工表有 SELECT 权力，对工资字段具有更新权力；

(5) 用户李军具有修改这两个表的结构的权力；

(6) 用户钱枫具有对两个表的所有权力（读、插、改、删数据），并具有给其他用户授权的权力；

(7) 用户黄薇具有从每个部门职工中 SELECT 最高工资、最低工资、平均工资的权力，但她不能查看每个人的工资。

根据下面定义的三个关系 STUDENT、COURSE 和 SC，做上面的 (2)、(3) 两题。

```
CREATE   TABLE   STUDENT
     (SNO   CHAR (7)   NOT  NULL
     SNAME  VARCHAR (8)   NOT  NULL
     SEX  CHAR (2)   NOT  NULL
     BDATE   DATE  NOT  NULL
     HEIGHT   DEC(5，2)  DEFAULT  000.00
     PRIMARY  KRY (SNO))

CREATE TABLE COURSE
     (CNO CHAR (6)   NOT NULL
      LHOUR SMALLINT NOT NULL
      CREDIT DET(1，0) NOT NULL
      SEMESTER CHAR (2)   NOT NULL
      PRIMARY KEY (CNO))

CREATE   TABLE  SC
     (SNO   CHAR (7)   NOT  NULL
      CNO  CHAR (6)  NOT  NULL
      GRADE  DEC(4，1)  DEFAULT  NULL
               PRIMARY  KEY (SNO，CNO)
      FOREIGN  KEY (SNO)
      REFERENCES  STUDENT
      ON  DELETE  CASCADE
      FOREIGN  KEY  (CNO)
      REFERENCES  COURSE
      ON  DELETE  RESTRICT).
```

2. 用 SQL 语句表示下列授权：

(1) 把对关系 SC 的查询、删除和插入权限授给用户 LIU，并且 LIU 还可以将这些权限转授给其他用户。

(2) 把对关系 SC 的插入（SNO，CNO）权限授给用户 QIAN。

3. 用 SQL 语句实现关系中的属性值控制。

(1) 非空值限制。在定义表 SC 时，说明 GRADE 属性不能为空。

(2) 指定允许的取值范围。

STUDENT 表中的 SEX 属性只允许取值"男"和"女"。

表 SC 的属性 GRADE 的取值范围为 0～100。

(3) 限制取值域。在定义取值域时声明域的取值范围。

6.4 习题答案

一、选择题

1.C；2.B；3.C；4.D；5.A；6.A；7.B；8.D；9.C；10.B；11.A；12.C；13.A；14.C；
15.C；16.A；17.B；18.A；19.D；20.A；21.C；22.C；23.D；24.D；25.B；26.D；
27.D；28.C；29.A；30.B；31.D。

二、问答题

1. 答：数据库的完整性是指数据的正确性、有效性和相容性，防止错误的数据进入数据库。

数据库完整性子系统的功能是：

(1) 监督事务的执行，并测试是否违反完整性约束；

(2) 如果违反完整性约束，则采取适当的措施。

2. 答：SQL 中完整性约束有实体完整性约束、引用完整性约束、域完整性约束等。

3. 答：完整性和一致性都要保证数据库中数据的正确性。完整性是由完整性控制系统在数据库定义时定义完整性要求，而一致性是由并发控制系统的封锁机制来保证的。完整性发生在数据的输入和输出过程中，而一致性发生在数据库的事务操作过程中。

4. 答：数据库的安全性是指保护数据库以防止不合法、未经授权的使用，以免数据泄露、被非法更改和破坏。数据库的完整性是指避免非法的不合语义的错误数据的输入和输出，造成无效操作和错误结果。

数据库的完整性是指尽可能避免无意破坏数据库中的数据；数据库的安全性是指尽可能避免恶意滥用数据库中的数据。完整性和安全性是密切相关的，特别是从系统实现方法来看，某种机制常常既可以用于安全性保护，也可以用于完整性保护。

5. 答：数据库完整性受到破坏的原因主要来自：

(1) 操作员、终端用户的错误；

(2) 数据库应用程序的错误；

(3) 并发控制出错；

(4) 操作系统或 DBMS 故障；

(5) 系统硬件故障。

6. 答：由于数据库中的数据由多个用户共享，为了保持数据不被窃取、不遭破坏，数据库必须提供一种安全保护机制来保证数据的安全，这通常是通过为用户设置权限来实现的。权限的作用在于将用户能够进行的数据库操作及操作的数据限定在指定的范围内，禁止用户超越权限对数据库进行非法的操作，从而保证了数据库的安全性。

7. 答：事务是用户定义的一个数据库操作序列。这些操作要么全做要么全不做，是一个不可分割的工作单位。

事务具有 4 个特性：原子性（atomicity）、一致性（consistency）、隔离性（isolation）和持久性（durability）。这 4 个特性也简称为 ACID 特性。

原子性：事务是数据库的逻辑工作单位，事务中包括的诸操作要么都做，要么都不做。

一致性：事务执行的结果必须是使数据库从一个一致性状态转变到另一个一致性状态。

隔离性：一个事务的执行不能被其他事务干扰，即一个事务内部的操作及使用的数据对其他并发事务是隔离的，并发执行的各个事务之间不能互相干扰。

持久性：持久性也称永久性（permanence），指一个事务一旦提交，该事务对数据库中数据的改变就应该是永久性的。接下来的其他操作或故障不应该对其执行结果有任何影响。

8. 答：数据库系统中可能发生各种各样的故障，大致可以分为以下几类：

(1) 事务内部的故障；

(2) 系统故障；

(3) 介质故障；

(4) 计算机病毒。

事务内部的故障、系统故障和介质故障影响事务的正常执行；介质故障和计算机病毒破坏数据库数据。

9. 答：事务执行的结果必须是使数据库从一个一致性状态转变到另一个一致性状态。如果数据库系统运行中发生故障，那么有些事务尚未完成就被迫中断，这些未完成事务对数据库所做的修改有一部分已写入物理数据库，这时数据库就处于一种不正确的状态，或者说是不一致的状态。例如，某工厂的库存管理系统中，要把数量为 Q 的某种零件从仓库 1 移到仓库 2 存放，则可以定义一个事务 T。T 包括两个操作：$Q_1=Q_1-Q$，$Q_2=Q_2+Q$。如果 T 非正常终止时只做了第一个操作，则数据库就处于不一致性状态，库存量无缘无故少了 Q。

10. 答：(1) 日志文件是用来记录事务对数据库的更新操作的文件。

(2) 设立日志文件的目的：进行事务故障恢复，进行系统故障恢复，协助后备副本进行介质故障恢复。

11. 答：把对数据的修改写到数据库中和把表示这个修改的日志记录写到日志文件中是两个不同的操作。有可能在这两个操作之间发生故障，即这两个写操作只完成了一个。

如果先写了数据库修改，而在运行记录中没有登记这个修改，那么以后就无法恢复这个修改。如果先写日志，但没有修改数据库，那么在恢复时只是多执行一次 UNDO 操作，并不会影响数据库的正确性。所以一定要先写日志文件，即首先把日志记录写到日志文件中，然后写数据库的修改。

12. 答：数据库是共享资源，通常有许多个事务同时在运行。当多个事务并发地存取数据库时，就会产生同时读取和 / 或修改同一数据的情况。若对并发操作不加控制，就可能会读取和存储不正确的数据，破坏数据库的一致性。所以，数据库管理系统必须提供并发控制机制。

13. 答：并发操作带来的数据不一致性包括三类：丢失修改、不可重复读和读"脏"数据。

(1) 丢失修改。两个事务 T_1 和 T_2 读入同一数据并修改，T_2 提交的结果破坏了（覆盖了）

T_1 提交的结果，导致 T_1 的修改被丢失。

(2) 不可重复读。不可重复读是指事务 T_1 读取数据后，事务 T_2 执行更新操作，使 T_1 无法再现前一次读取结果。

(3) 读"脏"数据。读"脏"数据是指事务 T_1 修改某一数据，并将其写回磁盘，事务 T_2 读取同一数据后，T_1 由于某种原因被撤销，这时 T_1 已修改过的数据恢复原值，T_2 读到的数据就与数据库中的数据不一致，则 T_2 读到的数据就为"脏"数据，即不正确的数据。

避免不一致性的方法和技术就是并发控制。最常用的并发控制技术是封锁技术。也可以用其他技术，例如，在分布式数据库系统中可以采用时间戳方法来进行并发控制。

14. 答：封锁就是事务 T 在对某个数据对象例如表、记录等操作之前，先向系统发出请求，对其加锁。加锁后事务 T 就对该数据对象有了一定的控制，在事务 T 释放它的锁之前，其他的事务不能更新该数据对象。

封锁是实现并发控制的一种非常重要的技术。

15. 答：活锁产生的原因：当一系列封锁不能按照其先后顺序执行时，就可能导致一些事务无限期等待某个封锁，从而导致活锁。

避免活锁的简单方法是，采用先来先服务的策略。当多个事务请求封锁同一数据对象时，封锁子系统按请求封锁的先后次序对事务排队，数据对象上的锁一旦释放就批准申请队列中第一个事务获得锁。

16. 答：在数据库中，产生死锁的原因是两个或多个事务都已封锁了一些数据对象，然后又都请求已被其他事务封锁的数据加锁，从而出现死等待。

防止死锁的发生其实就是要破坏产生死锁的条件。预防死锁通常有两种方法：

(1) 一次封锁法，要求每个事务必须一次将所有要使用的数据全部加锁，否则就不能继续执行。

(2) 顺序封锁法，预先对数据对象规定一个封锁顺序，所有事务都按这个顺序实行封锁。不过，预防死锁的策略不大适合数据库系统的特点。

17. 答：数据库的安全性是指保护数据库以防止不合法的使用所造成的数据泄露、更改或破坏。

18. 答：安全性问题不是数据库系统所独有的，所有计算机系统都有这个问题。只是在数据库系统中大量数据集中存放，而且为许多最终用户直接共享，从而使安全性问题更为突出。

系统安全保护措施是否有效是数据库系统的主要指标之一。

数据库的安全性和计算机系统的安全性，包括操作系统、网络系统的安全性是紧密联系、相互支持的。

19. 答：实现数据库安全性控制的常用方法和技术如下。

(1) 用户标识和鉴别：该方法由系统提供一定的方式让用户标识自己的名字或身份。每次用户要求进入系统时，由系统进行核对，通过鉴定后才提供系统的使用权。

(2) 存取控制：通过用户权限定义和合法权限检查确保只有合法权限的用户访问数据库，所有未被授权的人员无法存取数据。例如，C2 级中的自主存取控制（DAC），B1 级中的强制存取控制（MAC）。

(3) 视图机制：为不同的用户定义视图，通过视图机制把要保密的数据对无权存取的用户隐藏起来，从而自动地对数据提供一定程度的安全保护。

(4) 审计：建立审计日志，把用户对数据库的所有操作自动记录下来并放入审计日志中，DBA 可以利用审计跟踪的信息，重现导致数据库现有状况的一系列事件，找出非法存取数据的人、时间和内容等。

(5) 数据加密：对存储和传输的数据进行加密处理，从而使得不知道解密算法的人无法获知数据的内容。

三、综合题

1. 答：(1)GRANT SELECT ON 职工，部门　TO 张亮

(2) GRANT INSERT，DELETE ON 职工，部门 TO 刘勇

(3) GRANT SELECT ON 职工 WHEN USER（ ）= NAME TO ALL

(4) GRANT SELECT，UPDATE（工资）ON 职工 TO 李全

(5) GRANT ALTER TABLE ON 职工，部门 TO 李军

(6) GRANT ALL PRIVILIGES ON 职工，部门 TO 钱枫 WITH GRANT OPTION

(7) 首先建立一个视图，然后对这个视图定义黄薇的存取权限。

    CREATE VIEW 部门工资 AS

    SELECT 部门，名称，MAX（工资），MIN（工资），AVG（工资）

    FROM 职工，部门

    WHERE 职工 . 部门号 = 部门 . 部门号

    GROUP BY 职工 . 部门号

    GRANT SELECT ON 部门工资 TO 黄薇。

2. 答：授权的 SQL 语句如下：

(1) CRANT SELECT，INSERT，DELETE ON SC TO LIU

      WITH GRANT OPTION

(2) CRANT INSERT（SNO，CNO）ON SC TO QIAN

3. 答：(1)GREAD INT NOT NULL

如果不明确说明，属性的值允许为空。

(2) SEX CHAR (2) CHECK（SEX IN（' 男 '，' 女 '））

    GREAD INT CHECK（GREAD>=0 AND GREAD<=100）

(3) CREATE DOMAIN GENDERDOMAIN CHAR(2)

    CHECK（VALUE IN（' 男 '，' 女 '））

第2部分

上 机 实 验

7 实验1：数据库的使用

7.1 实验目的

掌握使用 SQL Server Management Studio 和 Transact-SQL 语句实现数据库的建立、修改和删除的方法。

7.2 实验内容

分别使用 SQL Server Management Studio 和 Transact-SQL 语句，按下列要求创建和修改用户数据库。

(1) 创建一个数据库，要求如下。

①数据库名为 'students'。

②数据库中包含一个数据文件，逻辑文件名为 students，磁盘文件名为 students_data.mdf，文件初始容量为 10 MB，最大容量为 100 MB，文件容量递增值为 5%。

③事务日志文件，逻辑文件名为 students_log，磁盘文件名为 students_log.ldf，文件初始容量为 5 MB，最大容量为 30 MB，文件容量递增值为 2 MB。

(2) 对 students 数据库进行如下修改。

①添加一个数据文件，逻辑文件名为 students2_data，磁盘文件名为 students2_data.ndf，文件初始容量为 5 MB，最大容量为 50 MB，文件容量递增值为 5 MB。

②将日志文件的最大容量增加为 50 MB，递增值改为 3 MB。

(3) 将 students 数据库更名为 NEW_ students。

(4) 删除 NEW_ students 数据库。

7.3 实验步骤

(1) 在 SQL Server Management Studio 的对象资源管理器中使用菜单的方式创建和修改数据库 students。

①设置"常规"选项卡。

- 在对象资源管理器的控制面板目录中选中节点"数据库"，单击鼠标右键，在弹出的菜单中选择"新建数据库"命令。

- 设置新建数据库的"常规"选项卡，在"数据库名称"文本框中键入数据库名称"students"，如图7-1所示。

②设置数据文件选项卡。

- 在"文件名"字段中键入数据文件逻辑文件名"students"。
- 设置该文件初始大小为10 MB。
- 如图7-2所示，勾选复选框"启用自动增长"，并选中"按百分比"设置文件容量递增值为"5"。在"最大文件大小"下选择"限制为（MB）"并设置为"100"。

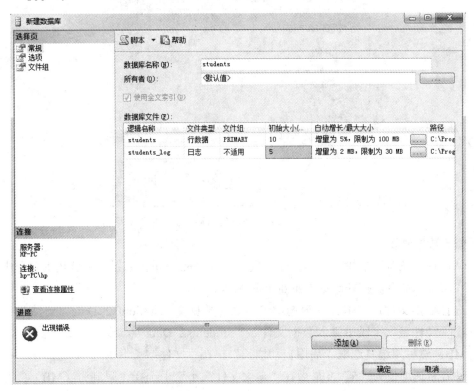

图 7-1 "常规"选项卡

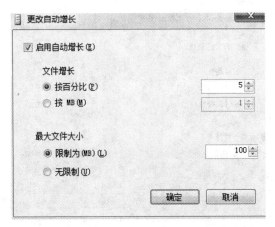

图 7-2 设置数据文件的"更改自动增长"对话框

③设置事务日志选项卡。

• 在"文件名"字段中键入事务日志文件逻辑文件名"students_log"。设置该文件初始大小为5 MB。

• 如图7-3所示,勾选复选框"启用自动增长",在"文件增长"中选中"按MB"并设置文件容量递增值为"2"。在"最大文件大小"中选择"限制为(MB)"并设置为"30"。

• 单击"确定"按钮,完成数据库的创建。

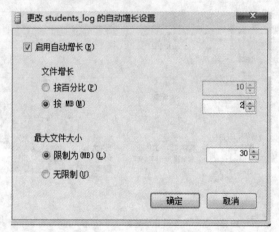

图 7-3 "更改 students_log 的自动增长设置"对话框

④修改数据库属性。

• 从树状目录窗口中找到刚刚创建的数据库students,单击右键,从弹出的菜单中选择"属性"命令,打开数据库students的属性窗口。

• 选择数据文件选项卡。在该选项卡中添加数据文件students2_Data,方法为:首先在"文件名"字段中键入数据文件名"students2_Data",设置该文件初始大小为5 MB;然后勾选复选框"启用自动增长",在"文件增长"中选中"按MB"设置文件容量递增值为"5",最后在"最大文件大小"中选择"限制为(MB)"并设置为"50",如图7-4所示。

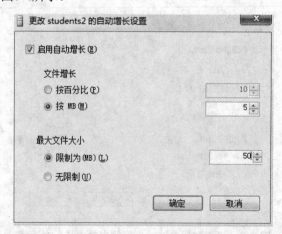

图 7-4 "更改 students2 的自动增长设置"对话框

- 选择事务日志选项卡，在该选项卡中将事务日志文件的最大容量改为"50"，递增值改为"3"，如图7-5所示。
- 单击"确定"按钮。

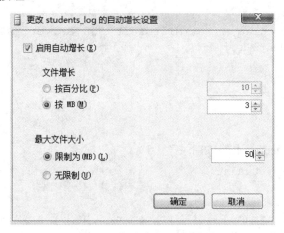

图 7-5 修改事务日志属性

⑤将 students 数据库更名为 NEW_students。

可以使用系统存储过程 sp_renamedb 更改数据库的名称。

在查询窗口中输入如下语句：

sp_renamedb 'students', 'NEW_students'

结果如图 7-6 所示。

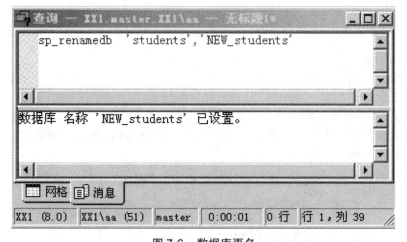

图 7-6 数据库更名

(2) 使用 Transact_SQL 语句创建和修改数据库 students。

①创建数据库 students，语句如下：

```
CREATE DATABASE students ON
  (NAME=student,
  FILENAME='C:\Program Files\Microsoft SQL Server\MSSQL11.MSSQLSERVER\
  MSSQL\DATA\students_data.mdf',
  SIZE=10,
  MAXSIZE=100,
```

```
    FILEGROWTH=5%
)

LOG  ON
(NAME=student_log,
FILENAME='C:\Program Files\Microsoft SQL Server\MSSQL11.MSSQLSERVER\
MSSQL\DATA\students_log.ldf',
SIZE=5,
MAXSIZE=30,
FILEGROWTH=2
)
GO
```

②修改数据库 students，语句如下：

```
ALTER  DATABASE  students
ADD  FILE
( NAME= students2,
FILENAME='C:\Program Files\Microsoft SQL Server\MSSQL11.MSSQLSERVER\
MSSQL\DATA\students2_data.ndf',
SIZE=5,
MAXSIZE=50,
FILEGROWTH=5
)
GO

ALTER  DATABASE  students
MODIFY  FILE
(
NAME= student_log,
MAXSIZE=50,
FILEGROWTH=3
)
GO
```

③删除数据库 NEW_students。

- 从树状目录窗口中找到刚修改名称的数据库NEW_students，单击右键，从弹出的菜单中选择"删除"命令。
- 在弹出的对话框中选择"是"确认删除即可，如图7-7所示。

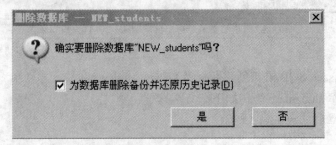

图 7-7　删除数据库确认对话框

还可以使用 drop database 来实现数据库的删除。

本实验中使用的语句为：drop database NEW_students。

7.4　思考与练习

1. 创建数据库的方法有哪些？
2. 如何成功复制数据库？复制的方法有哪些？
3. 实验过程中有哪些问题？你是如何解决的？
4. 使用代码创建数据库时，数据库文件的存储路径是否可以随意更改？
5. 创建教材例题数据库并进行修改。

8 实验 2：创建和修改数据表

8.1 实验目的

熟悉数据表的创建和修改等工作，并了解主键的创建和应用，熟练掌握使用 SQL Server Management Studio 和 Transact-SQL 语句对数据表的操作方法。

8.2 实验内容

(1) 在实验 1 创建的 students 数据库中创建学生基本信息表，表名为"student"，表的结构如图 8-1 所示。

	列名	数据类型	允许 Null 值
🔑	sno	char(10)	☐
	sname	char(10)	☐
	sex	char(2)	☑
	age	numeric(9, 0)	☑
	department	char(60)	☑
	bplace	char(10)	☑

图 8-1 学生基本信息表 students 的数据结构表

(2) 修改 student 表，删除字段 bplace。

(3) 在 student 表中添加一列，列名为 bplace，数据类型为 char，长度为 10，允许为空。

(4) 修改 student 表中的 department 字段，将其字段宽度改为 10。

(5) 删除 student 表。

8.3 实验步骤

1. 创建数据表

方法一：在 SQL Server Management Studio 的对象资源管理器中创建数据表。

(1) 打开对象资源管理器，在树状目录窗口中找到数据库节点 students，并选中下一级节点"表"。

(2) 单击鼠标右键，从弹出的菜单中选择"新建表"命令，打开表设计窗口，在窗口中按照图 8-1 的字段及要求键入列名、数据类型、长度等属性。

(3) 选择 sno 字段，单击右键，选择"设置主键"，将 sno 设置为主键，如图 8-2 所示。主键设置成功后，在其旁有一个钥匙标志，如图 8-1 所示。

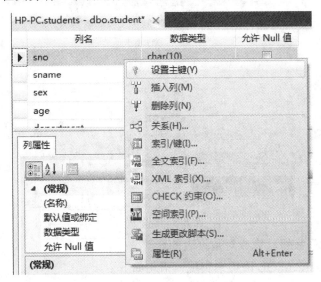

图 8-2   设置主键

(4) 单击"保存"按钮，在弹出的对话框中输入名称"student"，关闭表设计窗口，完成表"student"的创建。

方法二：使用 Transact_SQL 语句创建数据表。

创建 student 表，语句如下：

```
USE students
GO
CREATE TABLE student
(
  sno   char(10)    NOT NULL,
  sname  char(10)    NOT NULL,
  sex  char(2)    NULL,
  age  numeric(9)    NULL,
  department  char(60)  NULL,
  bplace  char(10)  NULL,
  PRIMARY   KEY(sno))
GO
```

2. 在 SQL Server Management Studio 中删除列

(1) 在对象资源管理器目录树中选择 students 数据库，展开目录，单击"表"选项，然后在任务对象窗口中选择 student 表。

(2) 单击右键，在弹出的菜单中选择"设计表"命令，打开"表设计"对话框。

(3) 选择列 bplace，单击右键，选择"删除列"命令，如图 8-3 所示。

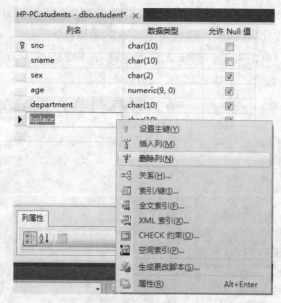

图 8-3　删除列

(4) 单击"保存"按钮，完成对数据表的修改。

也可以使用 Transact-SQL 语句来实现，语句如下：

```
USE students
ALTER TABLE student DROP COLUMN bplace
```

3. 在 SQL Server Management Studio 的对象资源管理中添加列

(1) 在服务器目录树中选择 students 数据库，展开目录，单击"表"选项，然后在任务对象窗口中选择 student 表。

(2) 单击右键，在弹出的菜单中选择"设计表"命令，打开"表设计"对话框。

(3) 在"表设计"对话框中添加列 bplace，数据类型为 char，长度为 10，如图 8-4 所示。

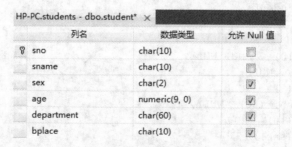

图 8-4　添加列

也可以使用 Transact-SQL 语句来实现：

```
USE  students
ALTER  TABLE  student  ADD  bplace  char(10)  NULL
```

4. 使用 SQL Server Management Studio 对表结构进行修改

(1) 在服务器目录树中选择 students 数据库，展开目录，单击"表"选项，然后在任务对象窗口中选择 student 表。

(2) 单击右键，在弹出的菜单中选择"设计表"命令，打开"表设计"对话框。

(3) 在"表设计"对话框中对列进行修改，将 department 的字段宽度改为 10，如图 8-5 所示。

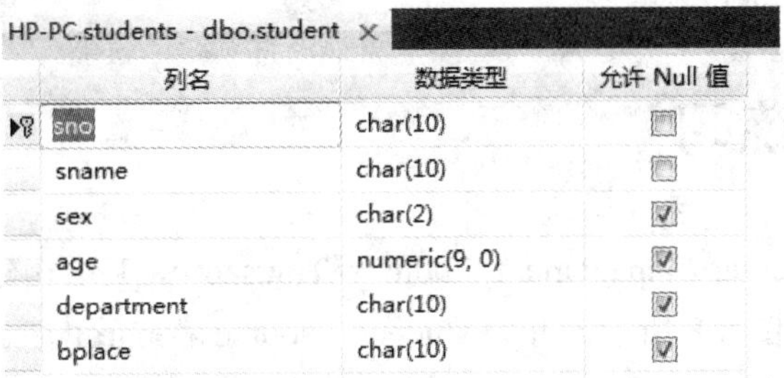

图 8-5 修改列

也可以使用 Transact-SQL 语句来实现，语句如下：

```
USE students
ALTER TABLE student ALTER COLUMN department char(10) NULL
```

5. 在 SQL Server Management Studio 中删除数据表

(1) 在服务器目录树中选择 students 数据库，展开目录，单击"表"选项，然后在任务对象窗口中选择 student 表。

(2) 单击右键，在弹出的菜单中选择"删除"命令。

(3) 弹出"删除对象"对话框，然后单击"确定"按钮即可，如图 8-6 所示。

图 8-6 删除数据表

(4) 单击"全部除去"按钮，删除数据表 student。

也可以使用 Transact-SQL 语句来实现：

```
USE students
DROP  TABLE  student
```

8.4　思考与练习

1. 分别使用 SQL Server Management Studio 和 Transact-SQL 语句建立 enroll 和 course 表，表结构分别如图 8-7 和图 8-8 所示，并向 student、course 和 enroll 表输入具体数据。

图 8-7　enroll 表　　　　　　　　　　　　　　图 8-8　course 表

表中的数据如图 8-9、图 8-10 和图 8-11 所示。

图 8-9　向 student 表中输入数据

图 8-10　向 course 表中输入数据　　　　　　图 8-11　向 enroll 表中输入数据

2. 对练习 1 建立好的 enroll 和 course 两个表的表结构进行修改操作，自己提出问题，并解决问题。

9 实验 3：单表数据查询

9.1 实验目的

(1) 学会使用 SELECT 查询语句对单个表的操作。

(2) 掌握使用 WHERE 子句的用法，学会条件的书写方式。

(3) 掌握聚集函数的用法。

(4) 掌握 ORDER BY 子句的用法。

(5) 掌握 GROUP BY 子句的用法。

9.2 实验内容

(1) 学会 SELECT 语句的一般格式，弄懂各子句的含义。

(2) 掌握在条件表达式中，BETWEEN AND、IN、LIKE 以及空值查询 NULL 的用法。利用实验 2 建立的数据表完成对上述关键内容的试验。

(3) 掌握 COUNT、SUM、AVG、MAX、MIN 等聚集函数的用法，并通过具体的实例来掌握其用法。

(4) 掌握排序子句 ORDER BY 和分组子句 GROUP BY 的用法。对于分组子句，当有条件使用时需要用 HAVING 子句去引导，可通过具体实例掌握其用法。

9.3 实验步骤

使用 Transact-SQL 语句进行数据查询；在 students 数据库中对 student 表进行单表查询。

1. SELECT 语句中目标列表达式的用法

(1) 在标准菜单栏上，单击"新建查询"命令，在弹出的查询窗口中输入 SELECT * FROM student，按 F5 键执行查询语句，体会并说明语句的功能，结果如图 9-1 所示。

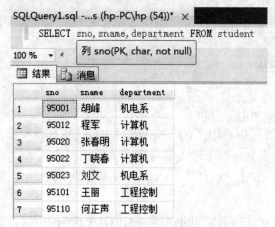

图 9-1　执行查询语句后的结果 1

(2) 在查询窗口中输入 SELECT sno,sname,department FROM student，按 F5 键执行查询语句，体会并说明语句的功能，结果如图 9-2 所示。

图 9-2　执行查询语句后的结果 2

(3) 在查询窗口中输入 SELECT DISTINCT department FROM student，按 F5 键执行查询语句，体会 DISTINCT 的用法，结果如图 9-3 所示。

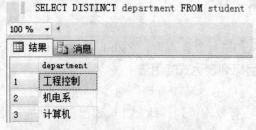

图 9-3　执行查询语句后的结果 3

(4) 在查询窗口中输入 SELECT sname, sex, 2014-age as 出生年份 FROM student，按 F5 键执行查询语句，体会 as 的用法，结果如图 9-4 所示。

图 9-4　执行查询语句后的结果 4

2.SELECT 语句中 WHERE 子句的用法

(1) 在查询窗口中输入以下语句。

```
select *
    from student
        where department='计算机'
```

体会语句格式和功能，按 F5 键执行查询语句，结果如图 9-5 所示。

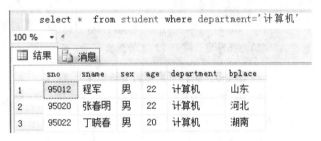

图 9-5　执行查询语句后的结果 5

(2) 在查询窗口中输入以下语句。

```
select *
 from student
    where age between 20 and 22
```

　　体会语句格式中 between…and…的用法和功能，按 F5 键执行查询语句，结果如图 9-6 所示。

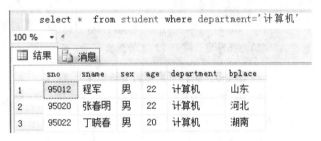

图 9-6　执行查询语句后的结果 6

(3) 在查询窗口中输入以下语句。

```
SELECT sno, sname, sex, bplace FROM student WHERE bplace IN('湖南','山东')
```

128 ▶▶▶▶ 数据库原理与应用实践教程

体会语句格式中 IN 的用法和功能，按 F5 键执行查询语句，结果如图 9-7 所示。

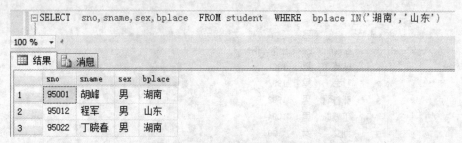

图 9-7   执行查询语句后的结果 7

(4) 在查询窗口中输入以下语句。

```
select *
 from student
    where sname like '张%'
```

体会语句格式中 like 以及通配符的用法和功能，结果如图 9-8 所示。

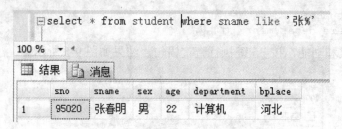

图 9-8   执行查询语句后的结果 8

(5) 在查询窗口中输入 SELECT * FROM enroll WHERE grade is NULL，体会语句格式中 NULL 的用法和功能，按 F5 键执行查询语句，结果如图 9-9 所示。

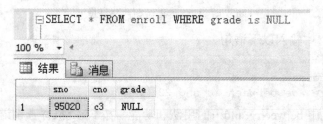

图 9-9   执行查询语句后的结果 9

3.SELECT 语句中聚集函数的使用

在查询窗口中输入 SELECT COUNT(*) as 总人数 FROM student。体会语句格式中聚集函数的用法和功能，按 F5 键执行查询语句，结果如图 9-10 所示。

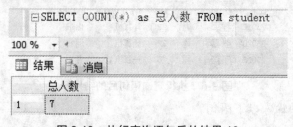

图 9-10   执行查询语句后的结果 10

4. SELECT 语句 GROUP BY 子句的使用

在查询窗口中输入 SELECT department FROM student GROUP BY department HAVING COUNT(*)>=3。体会语句格式中 GROUP BY 的用法和功能，按 F5 键执行查询语句，结果如图 9-11 所示。

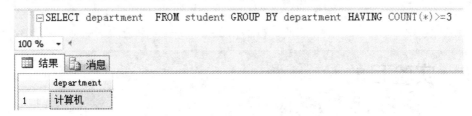

图 9-11　执行查询语句后的结果 11

在 GROUP BY 子句的使用中，应注意条件 HAVING 与 WHERE 的区别。

9.4　思考与练习

1. 查询选修了课程的学生人数。

2. 计算选修了 c1 号课程的学生平均成绩。

3. 查询选修了 c1 号课程的学生最高分数。

4. 求各个课程号及相应的选课人数。

5. 查询选修了 c3 号课程的学生的学号及其成绩，查询结果按分数降序排列。

6. 查询全体学生的情况，查询结果按所在系的系名升序排列，同一系中的学生按年龄降序排列。

10 实验 4：多表数据查询

10.1 实验目的

掌握使用 Transact-SQL 语句完成连接查询和嵌套查询，掌握多表数据查询的基本语法结构。

10.2 实验内容

使用 Transact-SQL 语句完成连接查询和嵌套查询。

(1) 对表 student、course 和 enroll 进行连接查询。

掌握以下连接查询的用法：

①一般连接查询；

②自身连接；

③外连接；

④内连接。

(2) 对表 student、course 和 enroll 进行嵌套查询。

掌握以下嵌套查询的用法：

①带有 IN 谓词的嵌套查询；

②带有比较运算符的子查询；

③带有 ANY 或 ALL 谓词的子查询；

④带有 EXISTS 谓词的子查询。

10.3 实验步骤

(1) 已知数据库 students 中有表 student、course 和 enroll，在标准菜单栏上，单击"新建查询"命令，打开查询窗口。

(2) 对表 student、course 和 enroll 进行连接查询。

①查询所有学生所选课程的成绩，列出课程名、学生学号、姓名和成绩。在查询窗口中输入以下语句：

```
SELECT student.sno,sname, cname,grade
         FROM student,course,enroll
             WHERE student.sno=enroll.sno
                  and  enroll.cno=course.cno
```

体会语句格式和功能。按 F5 键执行查询语句，结果如图 10-1 所示。

```
SELECT student.sno, sname, cname, grade
        FROM student, course, enroll
            WHERE student.sno=enroll.sno
                 and  enroll.cno=course.cno
```

100 %

结果 消息

	sno	sname	cname	grade
1	95001	胡峰	数据库	90
2	95001	胡峰	操作系统	82
3	95001	胡峰	数据结构	95
4	95001	胡峰	软件工程	88
5	95012	程军	操作系统	93
6	95012	程军	数据结构	88
7	95020	张春明	操作系统	83
8	95020	张春明	数据结构	NULL
9	95020	张春明	软件工程	88
10	95022	丁晓春	操作系统	77
11	95022	丁晓春	数据结构	71
12	95023	刘文	操作系统	85
13	95101	王丽	操作系统	84

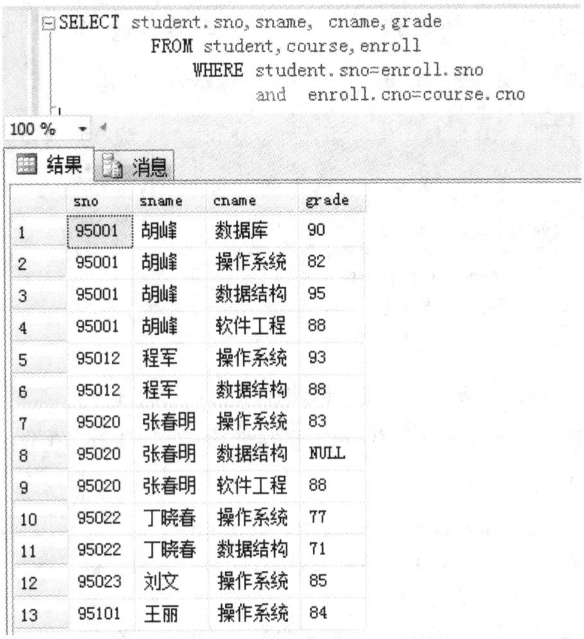

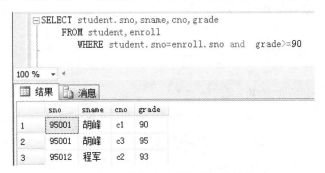

图 10-1 执行查询语句后的结果 1

②找出所有成绩在 90 分以上的学生的姓名，并列出学号、姓名、课程号和成绩。

在查询窗口中输入以下语句：

```
SELECT student.sno,sname, cno,grade
    FROM student,enroll
     WHERE student.sno=enroll.sno and grade>=90
```

体会语句格式和功能。按 F5 键执行查询语句，结果如图 10-2 所示。

```
SELECT student.sno, sname, cno, grade
    FROM student, enroll
       WHERE student.sno=enroll.sno and  grade>=90
```

100 %

结果 消息

	sno	sname	cno	grade
1	95001	胡峰	c1	90
2	95001	胡峰	c3	95
3	95012	程军	c2	93

图 10-2 执行查询语句后的结果 2

若只找出所有成绩在 90 分以上的学生的姓名，并列出学号、姓名，该语句可以写成

```
SELECT student.sno,sname
   FROM student,enroll
   WHERE student.sno=enroll.sno and grade>=90
```

③自身连接查询。查询与胡峰在同一个系学习的学生。

在查询窗口中输入以下语句：

```
SELECT s1.sno,s1.sname,s1.department
  FROM student s1,student s2
    WHERE s1.department=s2.department and s2.sname='胡峰'。
```

体会语句格式和功能。按 F5 键执行查询语句，结果如图 10-3 所示。

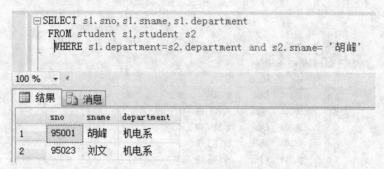

图 10-3　执行查询语句后的结果 3

④外连接。查询每个学生成绩在 90 分以上的学生信息，未满 90 分的学生信息也要列出。

在查询窗口中输入以下语句：

```
SELECT student.sno,sname,grade FROM student
    LEFT OUTER JOIN enroll ON
        student.sno=enroll.sno and grade>90
```

体会语句格式和功能。按 F5 键执行查询语句，结果如图 10-4 所示。

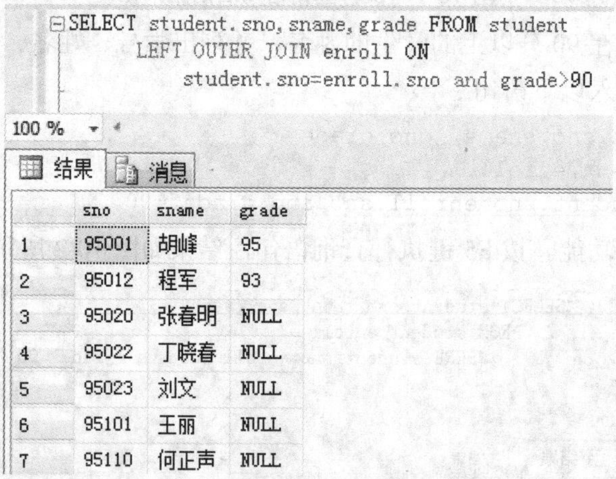

图 10-4　执行查询语句后的结果 4

除了 LEFT OUTER JOIN，还有 FULL OUTER JOIN 和 RIGHT OUTER JOIN，掌握它们的用法。

⑤内连接。查询所有学生所选课程的成绩，并列出课程名、学生学号和姓名。

在查询窗口中输入以下代码，按 F5 键执行查询语句，结果如图 10-5 所示。

```
SELECT student.sno,sname, cname,grade
    FROM student inner join enroll on student.sno=enroll.sno
    Inner join course on enroll.cno=course.cno
```

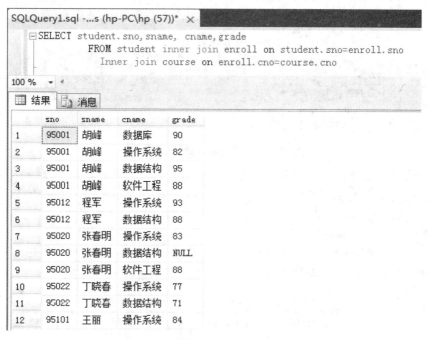

图 10-5 执行查询语句后的结果 5

(3) 对表 student、course 和 enroll 进行嵌套查询。

①带有 IN 谓词的嵌套查询。

• 查询成绩在80分以下的学生名单。

在查询窗口中输入以下语句：

```
select *
      from student where sno
        in(select sno from enroll where grade<80)
```

体会语句格式和功能。按 F5 键执行查询语句，结果如图 10-6 所示。

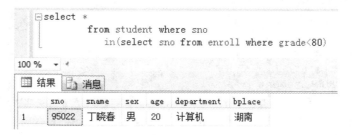

图 10-6 执行查询语句后的结果 6

• 查询哪些学生选修了"数据库"这门课。

在查询窗口中输入以下语句：

```
select sno,sname
      from student where sno
        in(select sno from enroll where cno
          in(select cno from course where cname='数据库'))
```

体会语句格式和功能。按 F5 键执行查询语句，结果如图 10-7 所示。

```
select sno,sname
       from student where sno
          in(select sno from enroll where cno
             in(select cno from course where cname='数据库'))
```

100 %

	sno	sname
1	95001	胡峰

图 10-7　执行查询语句后的结果 7

- 查询哪些学生选修了三门以上课程。

在查询窗口中输入以下语句：

```
select sno,sname
       from student where sno
          in(select sno from enroll group by sno having count(*)>=3)
```

体会语句格式和功能。按 F5 键执行查询语句，结果如图 10-8 所示。

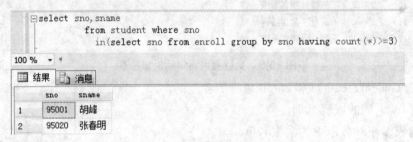

```
select sno,sname
       from student where sno
          in(select sno from enroll group by sno having count(*)>=3)
```

100 %

	sno	sname
1	95001	胡峰
2	95020	张春明

图 10-8　执行查询语句后的结果 8

②带有比较运算符（<、>、=等）的子查询。

查询与"胡峰"在同一个系学习的学生。假设一个学生只可能在一个系学习，并且必须属于一个系，则可以用"="代替 IN。

在查询窗口中输入以下语句：

```
SELECT Sno, Sname,department
FROM Student
WHERE department =
(SELECT department
        FROM Student
WHERE Sname='胡峰')
```

③带有 ANY（SOME）或 ALL 谓词的子查询。

查询其他系中比计算机系某一学生年龄小的学生姓名和年龄，并按照年龄降序排列。

在查询窗口中输入以下语句：

```
SELECT sname, age
    FROM student
     WHERE age < ANY
       (SELECT  age
         FROM student
          WHERE department= '计算机')
           AND department < > '计算机'
            ORDER BY age DESC
```

体会语句格式和功能。按 F5 键执行查询语句，结果如图 10-9 所示。

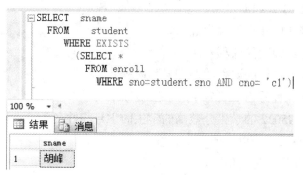

图 10-9 执行查询语句后的结果 9

④带有 EXISTS 谓词的子查询。

· 查询所有选修了c1号课程的学生姓名。

在查询窗口中输入以下语句：

```
SELECT   sname
    FROM     student
      WHERE EXISTS
        (SELECT *
          FROM enroll
            WHERE sno=student.sno AND cno= 'c1')
```

体会 EXISTS 谓词语句格式和功能。按 F5 键执行查询语句，结果如图 10-10 所示。

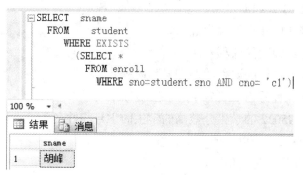

图 10-10 执行查询语句后的结果 10

· 查询选修了全部课程的学生姓名。

在查询窗口中输入以下语句：

```
SELECT   sname              /*该生一定选修了所有的课程*/
FROM     student
  WHERE NOT EXISTS          /*不存在该生没有选的课程*/
    ( SELECT  *             /*所有的课程该生都没有选*/
      FROM course
      WHERE NOT EXISTS      /*不存在某学生选某课程*/
          (SELECT *         /*某学生选某课程*/
            FROM enroll
              WHERE sno=student.sno AND cno=course.cno))
```

体会 NOT EXISTS 谓词语句格式和功能。按 F5 键执行查询语句,结果如图 10-11 所示。

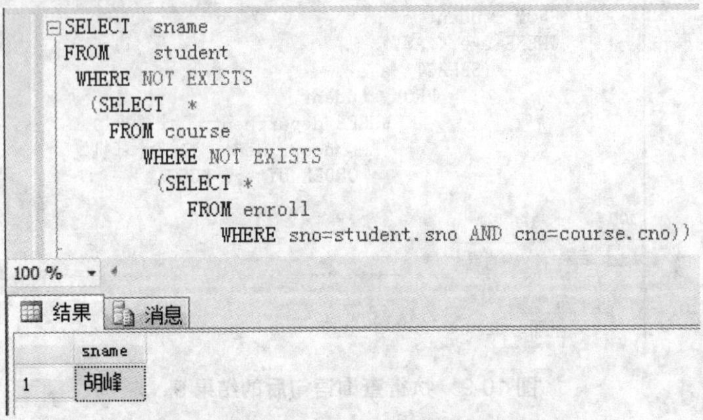

```
SELECT   sname
FROM     student
WHERE NOT EXISTS
    (SELECT *
     FROM course
        WHERE NOT EXISTS
            (SELECT *
             FROM enroll
                WHERE sno=student.sno AND cno=course.cno))
```

	sname
1	胡峰

图 10-11　执行查询语句后的结果 11

10.4　思考与练习

1. 查询其他系中比计算机系中所有学生年龄都大的学生姓名及年龄。查询选修了所有课程的学生姓名。

2. 查询与学号为 95022 的学生选修课程一样的学生的学号与姓名。

3. 查询选课门数唯一的学生的学号。

4. 查询没有选修 c3 课程的学生姓名。

5. 查询至少选修两门课程的学生姓名。

6. 查询丁同学不选课程的课程号。

7. 查询全部学生都选修的课程的课程号和课程名。

8. 查询至少选修课程号为 c2 和 c4 的学生学号。

9. 查询比学号为 95022 的学生分数高的学生的学号和姓名。

10. 查询哪些课程被三个以上的学生选修。

11. 查询没有选课的学生的信息。

12. 找出选课学生超过两人的课程的平均成绩及选课人数。

11 实验5：视图

11.1 实验目的

(1) 掌握使用 SQL Server Management Studio 和 Transact-SQL 语句创建视图的具体操作。
(2) 熟练通过视图来修改数据表中的数据，并了解视图的操作方法。

11.2 实验内容

分别使用 SQL Server Management Studio 的对象资源管理器和 Transact-SQL 语句，按下列要求创建和修改视图。
(1) 创建一个视图，要求如下。
①使用 students 数据库的表 student 创建视图对象名为 IS_Student。
②该视图只包含有 sno、sname、sex、department 字段，并且显示"计算机专业"的学生。
(2) 对该视图进行如下修改。
①在该视图中将 sname 的值"程军"改为"陈军"。
②修改 student_VIEW 视图，只包含 sno、sex、department 字段的信息。
(3) 删除视图。

11.3 实验步骤

(1) 在 SQL Server Management Studio 的对象资源管理器中创建和修改视图 IS_Student。
①创建视图 IS_Student。
- 在对象资源管理器中，单击数据库左边的"+"，展开数据库，选中"students"数据库，展开students数据库，选中"视图"，如图11-1所示。单击右键，选中"新建视图"，如图11-2所示。

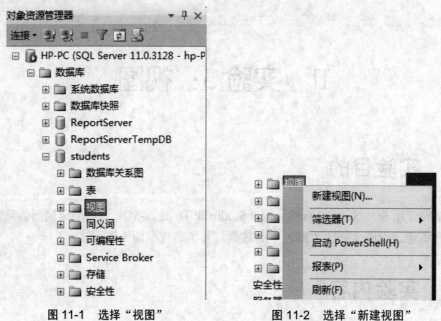

图 11-1　选择"视图"　　　　　　　　图 11-2　选择"新建视图"

- 单击"新建视图"后，打开如图11-3所示的选择数据表的窗口，可在其中添加创建视图所需要的数据表student。

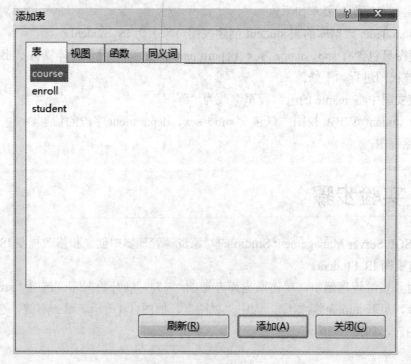

图 11-3　选择数据表

- 添加student表后，在该窗口中勾选表"student"后面的选项，出现如图11-4所示的选择列窗口。

图 11-4 选择列窗口

- 单击"筛选器"，打开如图11-5所示的设置条件窗口，在该窗口中键入条件表达式以搜索需要的信息"='计算机'"。

图 11-5 设置条件

- 单击"保存"按钮，打开如图11-6所示的命名视图窗口，在文本框中键入IS_Student。单击"确定"按钮后，IS_Student视图建立。

图 11-6 命名视图

②修改视图 IS_Student。
- 打开对象资源管理器。
- 选择服务器和要查看视图所在的数据库，打开视图列表，如图11-7所示。
- 用鼠标右键单击视图，弹出如图11-8所示的菜单。

图 11-7 视图列表

图 11-8 视图菜单

- 单击"设计"命令，打开如图11-9所示的视图设计窗口。单击工具栏上的" ! "按钮，则可以在视图结果显示区里将字段sname的值由"程军"改为"陈军"。如果要修改显示的字段，则直接在视图设计器中表的字段前的选项框里勾选。

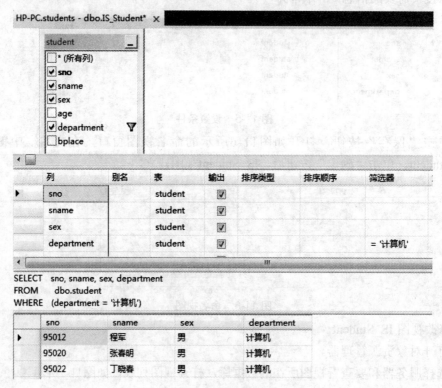

图 11-9 视图设计窗口

- 右击要删除的视图"IS_Student"，在弹出的快捷菜单中选择"删除"选项，即可删除该视图。

基于多表的视图，可同理创建。

(2) 使用 Transact_SQL 语句创建和修改视图 IS_Student。

①创建视图 IS_Student，语句如下：

```
USE students
GO
CREATE  VIEW IS_Student
AS
    SELECT sno,sname,sex,department
    FROM student
WHERE  department='计算机'
```

②将 sname 的字段值"程军"改为"陈军"，语句如下：

```
UPDATE IS_Student
    SET sname='陈军'
WHERE sname-'程军'
```

③将视图中含有 sno、sname、sex、department 字段修改为只含有 sno、sex、department 字段，语句如下：

```
USE students
G
ALTER VIEW IS_Student
AS
    SELECT sno,sex,department
FROM  student
```

④删除 IS_Student 语句，如下：

```
DROP VIEW IS_Student
```

11.4 思考与练习

1. 如果这个视图基于多个表，那么修改视图是否可以同时修改多个基本表？

2. 如果修改基本表，那么先前以其为基本表建立起的视图，会不会随之改变？

3. 如何创建一个基于两个表的视图？创建一个含有学号、姓名和成绩的视图。

4. 如何创建一个基于视图和基本表的视图？创建一个就读于计算机系并且家在湖南的学生的视图。

5. 思考如何查询视图，并比较视图查询和基本表查询有何不同。

12 实验 6：索引

12.1 实验目的

(1) 掌握使用 SQL Server Management Studio 和 Transact-SQL 语句创建索引的方法。
(2) 熟练使用 SQL Server Management Studio 和 Transact-SQL 语句查看、修改、删除索引。

12.2 实验内容

分别使用 SQL Server Management Studio 和 Transact-SQL 语句，按下列要求创建、修改 s_age_index 索引。

(1) 为数据库 students 的表 student 创建一个索引，并命名为"s_age_index"。
①该索引是基于 student 的"age"字段的索引。
②填充因子设为 10，排列次序按"升序"，填充索引。
③把该索引命名为"s_age_index"。
(2) 修改"s_age_index"索引。
① age 字段的排列次序为"降序"。
②填充因子设为"50"，填充索引。
③将索引改为"聚集索引"。
(3) 将 s_age_index 重命名为 s_index。
(4) 删除"s_age_index"索引。

12.3 实验步骤

1. 创建索引
(1) 使用表设计器创建唯一索引。
①在对象资源管理器中，展开包含要创建唯一索引的表的数据库 students，展开"表"文件夹，右键单击要创建唯一索引的表 student，然后选择"设计"。
②在"表设计器"菜单上，选择"索引/键"，如图 12-1 所示。

图 12-1   "表设计器"菜单

③在弹出的"索引/键"对话框中，单击"添加"按钮，如图 12-2 所示。从"选定的主/唯一键或索引"列表框中选择新索引。在主网格的"(常规)"下选择"类型"，然后从列表中选择"索引"。在主网格的"(常规)"下选择"是唯一的"，然后从列表中选择"否"。在主网格"标识"下的"(名称)"中输入索引的名字"s_age_index"。

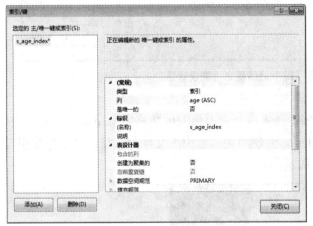

图 12-2   "索引/键"对话框

图 12-3   "索引列"对话框

④选择"列"，然后单击省略号 (…)。在"索引列"对话框的"列名"下，选择要编制索引的列 age，并指定索引是以升序来排列此列的值，再单击"确定"按钮，如图 12-3 所示。

⑤在"索引/键"对话框的"表设计器"中展开"填充规范"，在填充因子里输入"10"，如图 12-4 所示。然后单击"关闭"按钮，并在"文件"菜单上单击"保存 student"。

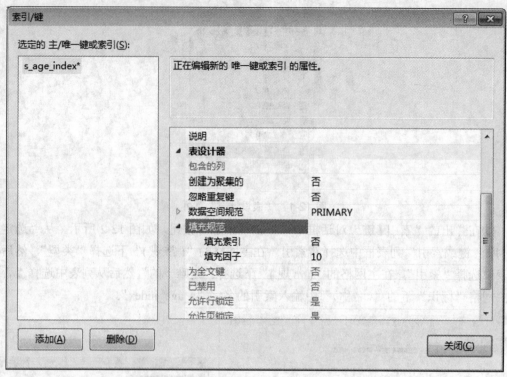

图 12-4　"索引 / 键"对话框之"表设计器"

(2) 使用对象资源管理器创建索引。

①在对象资源管理器中，展开包含要创建唯一索引的表的数据库 students, 展开"表"文件夹。展开要创建唯一索引的表 student，右键单击"索引"文件夹，指向"新建索引"，然后选择"非聚集索引 ..."，如图 12-5 所示。

图 12-5　"新建索引"菜单

②在弹出的"新建索引"对话框的"索引名称"文本框中输入新索引的名称"s_age_index"，如图12-6所示。

图12-6 "新建索引"对话框

③在"索引键列"下，单击"添加（A）..."按钮。

④在"从'dbo.student'中选择列"对话框中，勾选要添加到唯一索引的列"age"复选框，单击"确定"按钮，如图12-7所示。

图12-7 "从'dbo.student'中选择列"对话框

⑤在"新建索引"对话框"选择页"中的"填充因子"里输入"10",如图 12-8 所示,然后单击"确定"按钮。

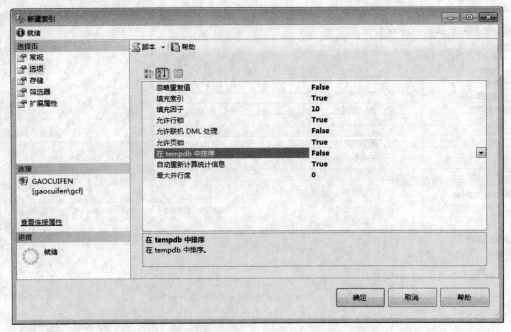

图 12-8   "新建索引"对话框之"选择页"选项

(3) 使用 Transact-SQL 创建表的索引。

在对象资源管理器中,连接到数据库引擎实例。在标准菜单栏上,单击"新建查询"命令。将以下示例复制并粘贴到查询窗口中,然后单击"执行"。

```
USE students
GO
IF EXISTS (SELECT name from sys.indexesWHERE name =N's_age_index')
DROP INDEX  s_age_index ON student; ——判断索引是否存在,如果存在,就删除重建
GO
CREATE  INDEX s_age_index
  ON student(age)
```

2. 修改索引属性

(1) 使用对象资源管理器修改索引属性。

①在对象资源管理器中,连接到 SQL Server 数据库引擎实例,然后展开该实例。展开数据库 students,展开表 student,再展开索引。

②右键单击要修改的索引,然后单击"属性",如图 12-9 所示。

图 12-9　索引右键菜单

③在"索引属性 -s_age_index"对话框中进行所需的更改。如图 12-10 所示，在"选择页"中将索引因子改为"50"。

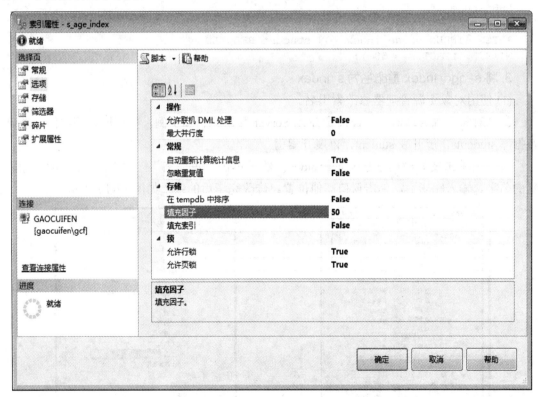

图 12-10　将索引因子改为"50"

④选中"索引键列",更改排序为"降序",如图 12-11 所示,然后单击"确定"按钮。

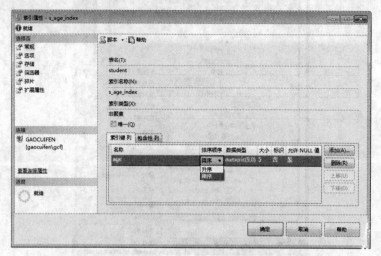

图 12-11 更改索引排序顺序

(2) 使用 Transact-SQL 修改表的索引属性。

在对象资源管理器中,连接到数据库引擎实例。在标准菜单栏上,单击"新建查询"。将以下示例复制并粘贴到查询窗口中,然后单击"执行"。

```
USE students
GO
ALTER  INDEX s_age_index  ON student REBUILD
WITH(FILLFACTOR = 50 );
```

3. 将 s_age_index 重命名为 s_index

(1) 使用对象资源管理器修改索引名。

①在对象资源管理器中,连接到 SQL Server 数据库引擎实例,然后展开该实例。展开数据库 students,展开表 student,再展开索引。

②右键单击要修改的索引 s_age_index,然后单击"重命名",如图 12-12 所示,输入新的名字。输入完毕后,单击窗口其他位置。修改完毕后的效果如图 12-13 所示。

图 12-12 重命名索引

图 12-13 重命名索引成功

(2) 使用 Transact-SQL 修改索引名。

在对象资源管理器中，连接到数据库引擎实例。在标准菜单栏上，单击"新建查询"。将以下示例复制并粘贴到查询窗口中，然后单击"执行"。

```
USE students
 GO
EXEC sp_rename N'STUDENT.s_age_index',N's_index',N'INDEX';
```

4. 将重命名后的索引 s_index 删除

(1) 使用对象资源管理器删除索引。

①在对象资源管理器中，连接到 SQL Server 数据库引擎实例，然后展开该实例。展开数据库 students，展开表 student，再展开索引。

②右键单击要修改的索引 s_age_index，单击"删除"命令，如图 12-14 所示，然后在弹出的"删除对象"对话框中单击"确定"按钮，如图 12-15 所示，删除完毕。

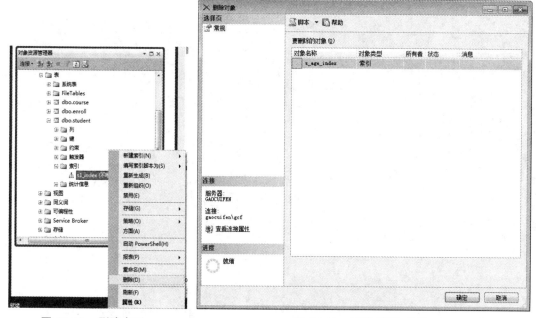

图 12-14　删除索引　　　　　　图 12-15　删除索引对话框

(2) 使用 Transact-SQL 删除索引。

在对象资源管理器中，连接到数据库引擎实例。在标准菜单栏上，单击"新建查询"命令。将以下示例复制并粘贴到查询窗口中，然后单击"执行"。

```
USE students
GO
--判断索引是否存在，如果存在，就删除重建
IF EXISTS (SELECT name from sys.indexes
           WHERE name =N's_age_index')
   DROP INDEX   s_age_index ON student;
```

12.4 思考与练习

1. 如何建立复合索引？
2. 可以用已经建立的索引来建立新的索引吗？
3. 是否可以利用两个基本表来建立索引？
4. 索引的类型有哪些？
5. 为了保证数据的一致性和完整性，各类要建立哪些索引？

13　实验 7：数据完整性

13.1　实验目的

约束和规则是数据完整性的重要内容。本实验要求掌握约束和规则的创建、使用和删除方法。

13.2　实验内容

(1) 创建主键约束，并定义规则。

在 students 数据库中，student 表用于保存学生信息，该数据表中的学号 (sno) 字段是唯一的，并且不能接受空值，可将此字段设置为主键，即创建主键约束。

(2) 创建 CHECK 约束。

①在 students 数据库的 enroll 表中，要输入成绩项，要求在该列设置 CHECK 规则，成绩（grade）应为 0~100 分，以便于保持数据的完整性。

②在 students 数据库中，在 student 表的主键学号上建立约束，要求学号必须为 5 个数字。

(3) 删除约束。

13.3　实验步骤

1. 创建主键约束

(1) 使用对象资源管理器删除 CHECK 约束。

①在对象资源管理器中，右键单击要为其添加主键约束的表 student，再单击"设计"。

②在表设计器中，单击要定义为主键的数据库列 sno 的行选择器。右键单击该列的行选择器，然后选择"设置主键"，如图 13-1 所示。或者在选中后单击图标菜单上的 ▓▓ 按钮，也可以设置主键。

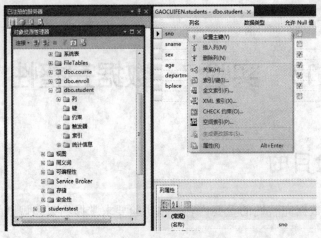

图 13-1　选中 sno 列

③设置后的表设计器窗口如图 13-2 所示。设置完的主键在属性旁有一个钥匙标志。

列名	数据类型	允许 Null 值
sno	char(10)	☐
sname	char(10)	☐
sex	char(2)	☑
age	numeric(9, 0)	☑
department	char(10)	☑
bplace	char(10)	☑
		☐

GAOCUIFEN.students - dbo.student* ×

图 13-2　设置完主键后的表设计器窗口

④关闭该表设计器选项卡或保存按钮 ■，系统将自动创建一个名为"PK_"且后跟表名的主键索引，即为 PK_student，如图 13-3 所示。创建主键后，系统会自动创建索引。

图 13-3　PK_student 索引属性

(2) 使用 Transact-SQL 创建主键约束。

在对象资源管理器中，连接到数据库引擎实例。在标准菜单栏上，单击"新建查询"命令。将以下示例复制并粘贴到查询窗口中，然后单击"执行"即可创建主键约束。

```
USE students
ALTER TABLE student
ADD CONSTRAINT PK_student PRIMARY KEY (sno)
GO
```

2. 创建 CHECK 约束

(1) 使用对象资源管理器创建 CHECK 约束。

①在对象资源管理器中，展开要为其添加 CHECK 约束的表 enroll，右键单击"约束"，然后单击"新建约束"，如图 13-4 所示。

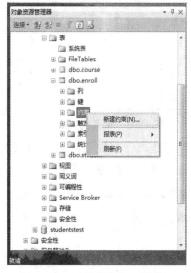

图 13-4 "新建约束"菜单项

②在"CHECK 约束"对话框中，单击"表达式"字段，然后单击省略号 (…)，弹出"CHECK 约束表达式"对话框，在该对话框中键入 CHECK 约束的 SQL 表达式：([grade]>=(0) AND [grade]<=(100))，再单击"确定"按钮，如图 13-5 所示。

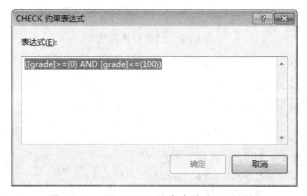

图 13-5 "CHECK 约束表达式"对话框

③在"CHECK 约束"对话框的"标识"类别中,更改 CHECK 约束的名称为 CK_enroll_grade,并且为该约束添加说明(扩展属性)。在"表设计器"类别中,可以设置何时强制约束,如图 13-6 所示。

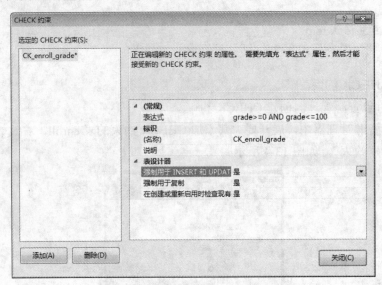

图 13-6　输入约束表达式

④设置完毕后,单击"是"按钮,保存设置,CHECK 约束创建完成,如图 13-7 所示。保存完毕后,可在列上单击"刷新"按钮查看新建约束。

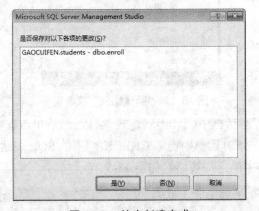

图 13-7　约束创建完成

(2) 使用 Transact-SQL 创建表的 CHECK 约束。

在对象资源管理器中,连接到数据库引擎实例。在标准菜单栏上,单击"新建查询"命令。将以下示例复制并粘贴到查询窗口中,然后单击"执行"。

```
USE students
GO
--判断约束是否存在,如果存在,就删除重建
IF  EXISTS (SELECT * FROM sys.check_constraints
            WHERE object_id = OBJECT_ID(N'CK_enroll_grade')
              AND parent_object_id = OBJECT_ID(N'enroll')
            )
```

```
    ALTER TABLE enroll DROP CONSTRAINT CK_enroll_grade
GO
ALTER TABLE enroll
ADD CONSTRAINT CK_enroll_grade
CHECK (grade>=0 AND grade<=100)
GO
```

3. 创建主键规则

①在对象资源管理器中，右键单击要为其添加主键约束的表 student，再单击"设计"。在"表设计器"中选中"sno"列，右击该列，在右键菜单中选择"CHECK 约束"，如图 13-8 所示。

图 13-8　"CHECK 约束"菜单项

②在"CHECK 约束"对话框中，单击"添加"按钮，输入约束的名称 CK_student_sno，如图 13-9 所示。

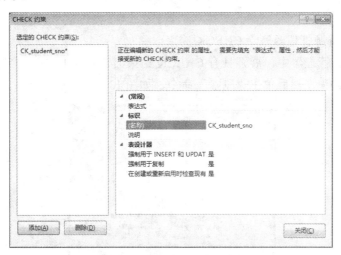

图 13-9　"CHECK 约束"对话框

③单击"表达式"字段，然后单击省略号 (…)，出现"CHECK 约束表达式"对话框，在该对话框中键入 CHECK 约束的 SQL 表达式，如图 13-10 所示。

要求 sno 列中的项为 5 位数，则输入 "sno LIKE '[0-9][0-9][0-9][0-9][0-9]'"

注意：确保将任何非数字约束值包含在单引号 (') 中。单击"确定"按钮，并关闭"CHECK 约束表达式"对话框，保存设置。

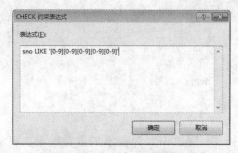

图 13-10   sno CHECK 表达式

④设置成功后，在 student 表中输入数据，在 sno 列输入 9876666，单击"运行"按钮，系统会提示输入错误，违反约束条件，如图 13-11 所示。

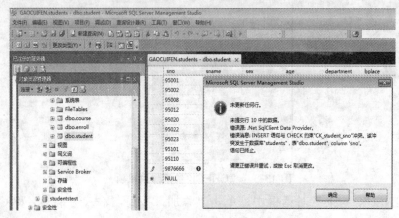

图 13-11   违反 CHEEK 约束报错

4. 删除约束

(1) 使用对象资源管理器删除 CHECK 约束。

①在对象资源管理器中，展开具有 CHECK 约束的表 enroll，展开"约束"。右键单击 CK_enroll_grade 约束，然后单击"删除"命令，如图 13-12 所示。

图 13-12   删除约束菜单项

②在"删除对象"对话框中，单击"确定"按钮，如图 13-13 所示。然后在"约束"选项上右击，在快捷菜单上单击"刷新"按钮，查看约束的删除情况。

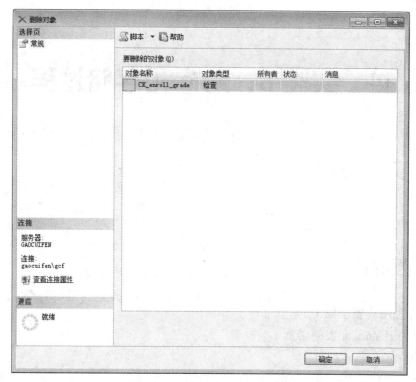

图 13-13 "删除对象"对话框

(2) 使用 Transact-SQL 删除表的 CHECK 约束。

在对象资源管理器中,连接到数据库引擎实例。在标准菜单栏上,单击"新建查询"命令。将以下示例复制并粘贴到查询窗口中, 然后单击"执行"。

```
USE students
GO
--判断约束是否存在,如果存在,就删除重建
IF  EXISTS (SELECT * FROM sys.check_constraints
            WHERE object_id = OBJECT_ID(N'CK_enroll_grade')
              AND parent_object_id = OBJECT_ID(N'enroll')
            )
   ALTER TABLE enroll DROP CONSTRAINT CK_enroll_grade
```

13.4　思考与练习

1. 创建 CHECK 约束。在 student 表中, 设其年龄 (age) 为 18~28 岁, 为了保持数据的完整性, 请在 age 列设置 CHECK 规则。

2. 创建主键约束。在 students 数据库中, course 表用于保存课程信息, 该数据表中课程号 (cno) 字段是唯一的, 并且不能接受空值, 可将此字段设置为主键。

3. 创建规则。在 course 表中有课程号 (cno) 字段, 现要求对课程号建立规则, 课程号应由一个小写字母和一个数字组成。

4. 删除所建立的约束和规则, 用 Transact-SQL 语句完成此操作。

14 实验 8：游标和存储过程

14.1 实验目的

掌握游标和存储过程的使用方法。

14.2 实验内容

(1) 游标使用的要求如下。

①定义关于 student 表的游标；

②打开游标：open；

③逐行提取游标集中的行：fetch；

④关闭游标：close；

⑤释放游标：deallocate。

(2) 存储过程的使用。

①创建存储过程 sp_s1，完成查询功能，从 students 数据库的 student 表中查询学生信息，包括 sno、sname、sex、department。

②创建带参数的存储过程。

在 students 数据库中创建存储过程 sp_s2。其功能为：接受外部传入的 sname，要求根据学生姓名查看学生的姓名、课程号和成绩。

③查看存储过程。

查看存储过程，查看其 Transact-SQL 语句及其创建日期等信息。

④修改存储过程。

修改存储过程 sp_s1，存储过程的查询功能改为：从 student 表中查询学生信息，包括 sno、sname、sex、department、bplace，并对存储过程的文本进行加密。

⑤删除存储过程。

删除存储过程 sp_s1。

14.3 实验步骤

(1) 游标使用的要求如下。

①定义游标：declare。

```
declare s_st scroll cursor for select * from student
```

②打开游标：open。

```
open s_st
```

③逐行提取游标集中的行：fetch。

```
fetch next from s_st
```

④关闭游标：close。

```
close s_st
```

⑤释放游标：deallocate。

```
deallocate s_st
```

执行上述游标使用的语句，得到如图 14-1 所示的结果。

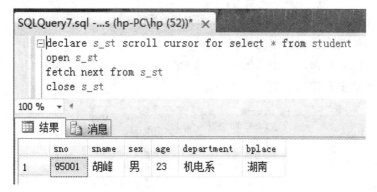

图 14-1 游标的使用

(2) 存储过程的使用。

①创建存储过程 sp_s1，完成查询功能，从 students 数据库的 student 表中查询 bplace 字段值为山东的学生信息，包括 sno、sname、sex、department。在查询窗口中输入如下代码：

```
      USE pubs
create procedure sp_s1
as
    select sname,sex,department
    from student
go
```

按 F5 键执行 Transact-SQL 程序，创建完存储过程。

创建完存储过程后，使用 EXEC 语句执行存储过程，其 Transact-SQL 语句如下：

```
USE students
EXEC sp_s1
GO
```

运行结果如图 14-2 所示。

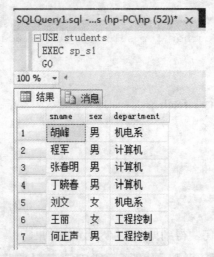

图 14-2　存储过程的运行结果

也可以在对象资源管理器中创建存储过程。

打开对象资源管理器，在服务器目录树中选择"students"选项，展开目录，选择"存储过程"选项，单击右键，如图 14-3 所示。

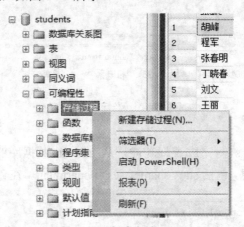

图 14-3　新建存储过程

选择"新建存储过程"，打开如图 14-4 所示的窗口，在窗口中输入语句。

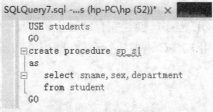

图 14-4　创建存储过程语句

按 F5 键即可完成存储过程的创建。

②创建带参数的存储过程 sp_s2 的 Transact-SQL 语句，如下：

```
create procedure sp_s2 @sname char(10) as
    select student.sno,sname,cno,grade from student,enroll
```

```
    where student.sno=enroll.sno and sname=@sname
    go
```

执行存储过程 sp_s2 的 Transact-SQL 语句，如下：

```
USE students
GO
exec sp_s2 '张春明'
GO
```

运行结果如图 14-5 所示。

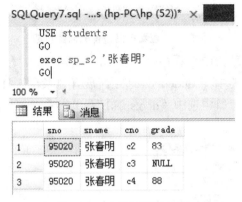

图 14-5 存储过程的执行

③查看存储过程，输入 Transact-SQL 语句，如下：

```
USE students
EXEC sp_helptext sp_s1
GO
```

按 F5 键执行此 Transact-SQL 语句，运行结果如图 14-6 所示。

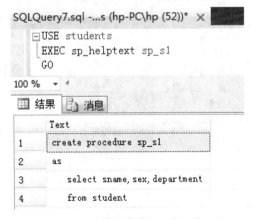

图 14-6 查看存储过程的语句

④查看存储过程的创建日期等信息。在查询窗口中输入 Transact-SQL 语句，如下：

```
USE students
 EXEC sp_help sp_s1
   GO
```

按 F5 键执行此 Transact-SQL 语句，运行结果如图 14-7 所示。

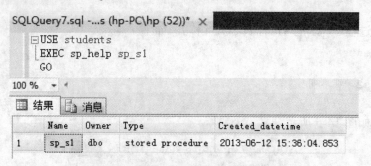

图 14-7　查看存储过程的创建日期

也可以在对象资源管理器中查看存储过程。

在对象资源管理器中选择"students"选项，展开目录，选择"存储过程"。在对象资源管理器右边的任务对象窗口中选中"dbo.sp_s1"，单击右键，如图 14-8 所示。

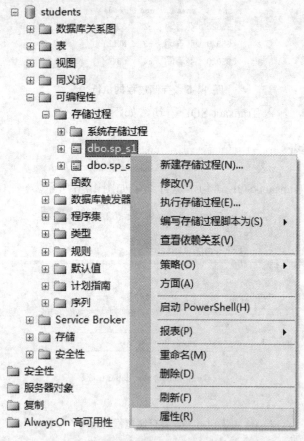

图 14-8　从菜单中选择"属性"

在弹出的菜单中，选中"属性"命令，打开"存储过程属性 -sp_s1"对话框，如图 14-9 所示。该对话框中显示了存储过程的名称、所有者、创建日期等信息。

图 14-9 "存储过程属性 -sp_s1"对话框

查看完成后，单击"确定"按钮，关闭对话框。

⑤修改存储过程 sp_s1 的 Transact-SQL 语句，如下：

```
USE students
GO
ALTER PROCEDURE sp_s1
WITH RECOMPILE,ENCRYPTION
as
select sname,sex,department
    from student
```

执行此 Transact-SQL 语句后，使用 sp_helptext 也无法查看存储过程的文本。

```
USE students
  EXEC sp_helptext sp_s1
    GO
```

运行结果如图 14-10 所示。

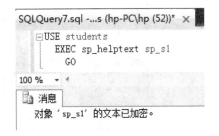

图 14-10 对象备注已经加密

⑥删除存储过程 sp_s1 的 Transact-SQL 语句，如下：

```
USE students
DROP PROCEDURE sp_s1
GO
```

如图 14-11 所示，也可以在对象资源管理器中选择"删除"命令，在弹出的窗口中单击"确定"按钮即可，如图 14-12 所示。

图 14-11　存储过程的删除

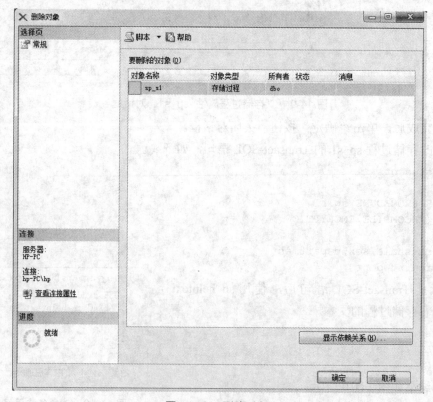

图 14-12　删除对象

14.4　思考与练习

1. 利用游标选取 student 表中的记录，并逐行显示游标中的信息。

2. 根据姓名查询该生学生学号、姓名和课程名和成绩（可以用游标和存储过程完成，也可以只用存储过程来完成，比较二者的区别）。

3. 创建存储过程，要求根据学生姓名查看学生的姓名和成绩。

4. 创建一个存储过程，执行该存储过程时，将其参数值作为数据添加到成绩表 enroll 中。

5. 创建存储过程，查询特定系学生的信息，根据平均年龄判断学生的年龄结构。

6. 创建一个名为 Query_grade 的存储过程，该存储过程的功能是根据参数提供的课程查询这一课程考核为优（90 分以上）的学生人数后返回，并执行该存储过程查询课程为 C1 的得优的人数情况。

7. 创建一个存储过程，该存储过程的功能是根据参数提供的系别和课程号查询某一个系选修某一门课程的学生的学号、姓名和系别后返回，并请执行该存储过程查询计算机科学与技术系选了 C2 课程的学生的情况。

8. 创建一个存储过程，该存储过程的功能是更新表 S 中的一条记录，且新记录的值由参数提供。

15 实验 9：触发器

15.1 实验目的

掌握触发器的使用方法。

15.2 实验内容

(1) 创建一个触发器 tr_s。要求在 students 数据库的 student 表中删除记录时触发该触发器，并删除对应 enroll 表中该生的选课记录。

(2) 查看触发器 tr_s。

(3) 删除触发器。要求删除实验内容 (1) 中创建的触发器 tr_s。

15.3 实验步骤

(1) 打开 SQL Server Management Studio，在"新建查询"窗口中，输入如下 Transact-SQL 语句：

```
CREATE trigger tr_s ON STUDENT FOR DELETE
  AS
declare @s char(10)
select @s=sno from deleted
if((select count(*) from deleted)>0)
delete from enroll where enroll.sno=@s
```

按 F5 键后，触发器建成，如图 15-1 所示。

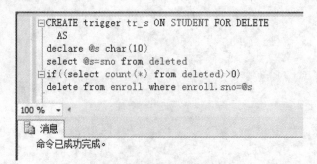

图 15-1 触发器的创建

触发器建成后，在查询窗口中输入"delete from student where sname=' 刘文 '"。当删除 student 表的记录时，提示如图 15-2 所示，enroll 表中的对应记录也被删除。

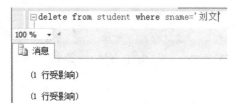

图 15-2　触发器的验证

也可以在 SQL Server Management Studio 的对象资源管理器中创建触发器。

打开对象资源管理器，在左边窗体中选择 students 数据库中的表 student，单击 student 表左边的加号，出现触发器，再在触发器上单击右键后弹出如图 15-3 所示的"新建触发器"菜单。

图 15-3　"新建触发器"菜单

系统将弹出查询窗口，在窗口中输入代码，按 F5 键，完成触发器的创建。

(2) 查看触发器。

①显示触发器 tr_s 的基本信息。在查询窗口中输入以下代码，查询结果如图 15-4 所示。

```
use students
go
exec sp_help tr_s
go
```

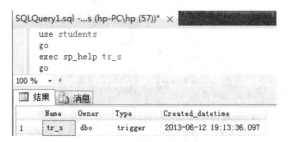

图 15-4　查看触发器的基本信息

②显示触发器 **tr_s** 的代码，在查询窗口中输入以下代码，查询结果如图 15-5 所示。

```
use students
go
exec sp_helptext tr_s
go
```

(3) 可以在查询窗口中使用 Transact-SQL 语句删除触发器，代码如下，查询结果如图 15-6 所示。

```
use students
drop trigger tr_s
```

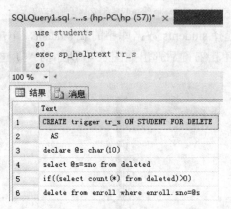

图 15-5　查看创建触发器的代码

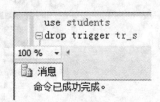

图 15-6　删除触发器的代码

也可以在 SQL Server Management Studio 的对象资源管理器中删除触发器。在对象资源管理器中打开相应的数据库，展开"数据库"文件夹，展开含有要删除触发器的表所属的数据库，然后单击"表"文件夹，在详细信息窗格中，右击触发器所在的表，指向"触发器"下的"tr_s"，右击，弹出如图 15-7 所示的下拉菜单。单击"删除"命令，在弹出的"删除对象"对话框中单击"确定"按钮，即可删除触发器，如图 15-8 所示。

图 15-7　"tr_s"的下拉菜单

图 15-8　删除触发器

15.4　思考与练习

1. 为 enroll 表创建一个触发器，禁止在周六、周日对该表进行 DML 操作。

2. 为 enroll 表创建一个触发器：当执行插入操作时，统计操作后的学生人数；当执行更新成绩操作时，统计更新后的学生平均成绩；当执行删除操作时，统计删除后的学生人数。

3. 为 enroll 表编写一次只删除一条记录的触发器。

4. 定义一个事务，要求删除 student 表中的记录，相应也删除 enroll 表中对应的记录。若删除记录超过两条，则拒绝执行。

16 实验 10：数据库的备份恢复与导入 / 导出

16.1 实验目的

(1) 掌握备份数据库的方法。

(2) 掌握恢复数据库备份的方法。

(3) 掌握导入 / 导出的方法。

16.2 实验内容

(1) 使用 SQL Server Management Studio 和 Transact-SQL 语句对数据库 students 进行完全备份。

(2) 使用 SQL Server Management Studio 和 Transact-SQL 语句恢复 students 数据库。

(3) 将已有的 excel 表记录导入 SQL Server 数据库 students 中。

16.3 实验步骤

(1) 对数据库 students 进行完全备份。

①使用对象资源管理器进行数据库备份。

- 连接到相应的 Microsoft SQL Server 数据库引擎实例之后，在对象资源管理器中，单击服务器名称以展开服务器树。展开"数据库"，然后根据数据库的不同，选择用户数据库students，右键单击数据库，指向"任务"，再单击"备份"，如图16-1所示。

图 16-1 "备份"菜单项

- 在如图16-2所示的"备份数据库-students"对话框的"数据库"列表中，验证数据库名称students。也可以从列表中选择其他数据库。在"备份类型"列表中，选择"完整"。在"备份组件"中选择"数据库"。"名称"文本框中可以为默认的备份集名称，也可以为备份集输入其他名称。在"备份集过期时间"列表框中输入"0"天，表示备份集将永不过期。

图 16-2　"备份数据库 -students"对话框

- 在"目标"下选择"磁盘"，并单击"添加"按钮。在出现的"选择备份目标"对话框中输入文件名，如图16-3所示。或者单击文件名选项右边的点号按钮，在弹出的"定位数据库文件-GAOCUIFEN"对话框中选择备份文件在操作系统上的存放路径，如图16-4所示。选定路径后，输入备份文件名为studentsbak，单击"确定"按钮完成操作。

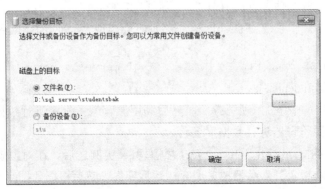

图 16-3　"选择备份目标"对话框

图 16-4 "定位数据库文件 -GAOCUIFEN"对话框

- 单击"确定"按钮后，会自动开始数据库的备份，备份成功后，系统会弹出如图 16-5所示的提示框。

图 16-5 "备份成功"对话框

②使用 Transact-SQL 备份数据库。

在对象资源管理器中，连接到数据库引擎实例。在标准菜单栏上，单击"新建查询"命令。将以下示例复制并粘贴到查询窗口中，然后单击"执行"。执行成功后会提示备份成功，以及相应的开销。在操作系统的 D:\sql server 路径下会出现"studentsBAKnew.bak"备份文件。

```
USE students
BACKUP DATABASE students TO DISK='D:\sql server\studentsBAKnew.bak'
```

(2) 还原数据库 students。

在数据库 students 中添加一张表 test，然后利用原有的备份集进行数据库还原。

①使用对象资源管理器进行数据库备份。

- 连接到相应的Microsoft SQL Server数据库引擎实例之后，在对象资源管理器中，单击服务器名称以展开服务器树。展开"数据库"，然后根据数据库的不同，选择用户数据库students，右键单击数据库，指向"任务"，再单击"还原"，如图16-6所示。

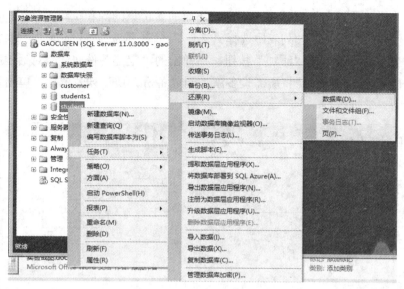

图 16-6　"还原"菜单项

- 如图16-7所示，在打开的"还原数据库"对话框中，在"常规"页的"源"选项的"数据库"下拉列表中，选择应还原的数据库名称"students"。然后选择"设备"，单击右边的省略号按钮，弹出"选择备份设备"对话框。

图 16-7　"还原数据库"对话框

- 在"选择备份设备"对话框中指定要还原的备份集的源和位置,如图16-8所示,在"备份介质类型"下拉列表中选择"文件"。 若要为"备份介质"列表框选择一个或多个设备,请单击"添加"按钮。在弹出的"定位备份文件"对话框中选择已有的备份集studentsbak。将所需设备添加到"备份介质"列表框后,单击"确定"按钮返回"常规"页。

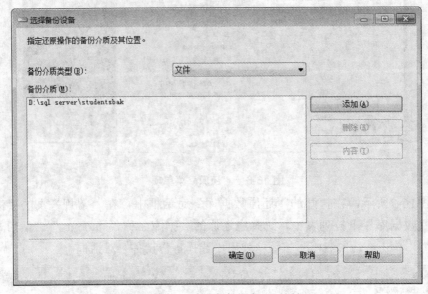

图 16-8　"选择备份设备"对话框

- 单击"确定"按钮后,系统开始还原数据库,还原成功后提示用户,如图16-9所示。在对象资源管理器中,单击students数据库,选择表,右键单击,然后单击"刷新"按钮,发现刚刚添加的test表不见了,又还原成系统原来的3个表了。

图 16-9　"还原成功"提示框

②使用 Transact-SQL 还原数据库。

在对象资源管理器中,连接到数据库引擎实例。在标准菜单栏上,单击"新建查询"命令。将以下示例复制并粘贴到查询窗口中,然后单击"执行"。执行成功后会提示还原成功,以及相应的开销。注意,在执行此操作时使用 master 数据库,如果使用 student 数据库,表示 student 数据库正在使用中,此时执行 student 的还原,系统会提示错误。students 数据库有可能会因为它而不能操作成功。

```
USE master
RESTORE DATABASE students FROM DISK='D:\sql server\studentsBAKnew. bak'
 WITH REPLACE
```

(3) 将 EXCEL 表中的数据导入 sqlserver 数据库。

①连接到相应的 Microsoft SQL Server 数据库引擎实例之后，在对象资源管理器中，单击服务器名称以展开服务器树。展开"数据库"，然后根据数据库的不同，选择用户数据库 students，右键单击，指向"任务"，再单击"导入数据"，如图 16-10 所示。

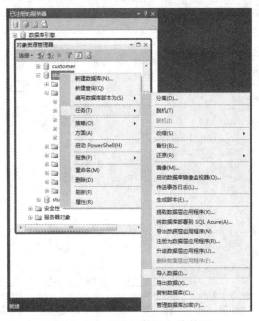

图 16-10 "导入数据"菜单项

②在弹出的"SQL Server 导入和导出向导"对话框中单击"下一步"按钮，如图 16-11 所示。

图 16-11 "SQL Server 导入和导出向导"对话框

③在"SQL Server 导入和导出向导"对话框之"选择数据源"中，"数据源"选择"Microsoft Excel"，如图 16-12 所示。在"Excel 文件路径"中输入已经建好的 Excel 文档的路径，或者单击右边的"浏览"按钮后在操作系统中选择已存在的 Excel 表，再单击"确定"按钮，

回到"SQL Server 导入和导出向导"对话框。由于 Excel 文档中首行包含列名,因此勾选"首行包含列名称",Excel 中的首行数据插入数据库后将作为新建表的列名,单击"下一步"按钮。

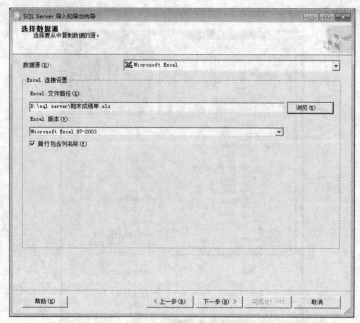

图 16-12 "SQL Server 导入和导出向导"对话框之"选择数据源"

④在弹出的"SQL Server 导入和导出向导"对话框之"选择目标"中,"目标"选择为"SQL Server Native Client 11.0",如图 16-13 所示。"服务器名称"选择"GAOCUIFEN","身份验证"选择"使用 Windows 身份验证",实验中可根据操作机器的实际情况进行设置。"数据库"选择为"students"。设置好后,单击"下一步"按钮。

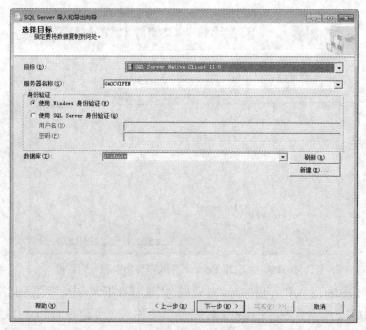

图 16-13 "SQL Server 导入和导出向导"对话框之"选择目标"

⑤如图 16-14 所示，在"指定表复制或查询"中，如果想把 Excel 数据插入一个新表，则选择"复制一个或多个表或视图的数据"；如果想把 Excel 数据插入已存在的表中，则选择"编写查询以指定要传输的数据"，这里要新建一个表插入数据，则选中"复制一个或多个表或视图的数据"。然后，单击"下一步"按钮。

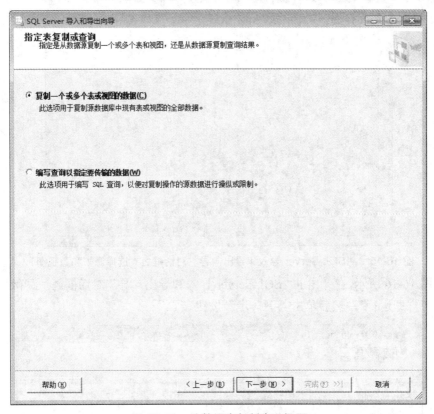

图 16-14 从数据库复制表和视图

⑥在弹出的"SQL Server 导入和导出向导"对话框之"选择源表和源视图"中，选择要导入的表和视图，如图 16-15 所示。可以选择一部分，也可以全选。如果要修改表名，则在选中要导入的表后，在对应的"目标"栏里进行设置。其中，"dbo"是指数据库的架构名，"期中成绩单 $"是新建的表名，双击表明进入编辑状态就可以修改了。修改后也可以单击"编辑映射"按钮，在弹出的"编辑映射"对话框里修改"目标""类型""是否可以为 NULL""大小"等数据。修改好后，单击"确定"按钮。如果不想修改就单击"取消"按钮。设置好后，单击"下一步"按钮。

图 16-15　"SQL Server 导入和导出向导"对话框之"选择源表和源视图"

⑦如图 16-16 所示，在弹出的"SQL Server 导入和导出向导"对话框之"保存并运行包"中，选择"立即运行"，然后单击"下一步"按钮。

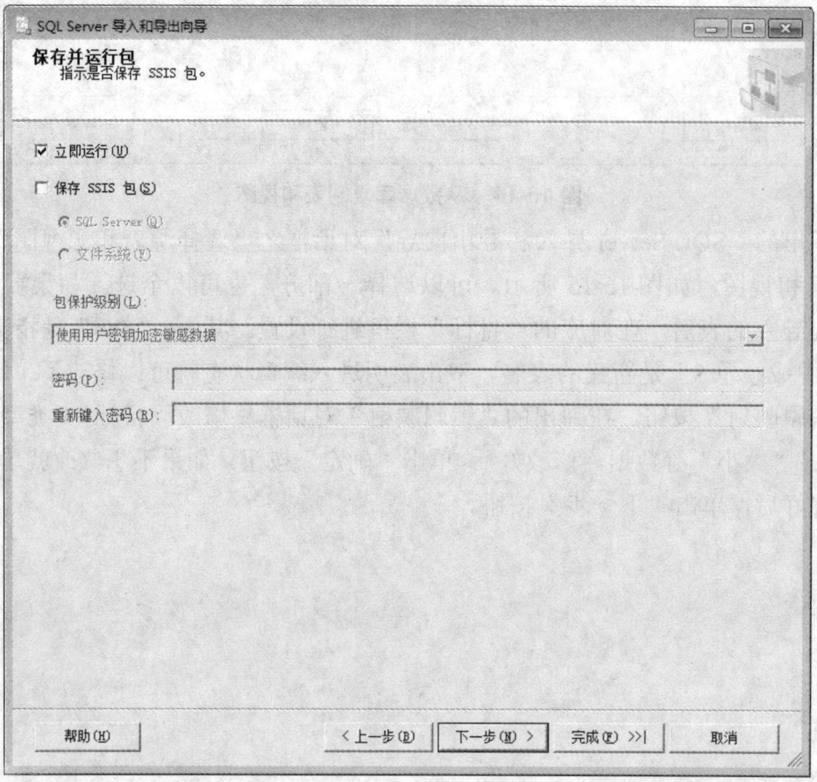

图 16-16　"SQL Server 导入和导出向导"对话框之"保存并运行包"

⑧上一步操作结束后，将出现如图 16-17 所示的"SQL Server 导入和导出向导"对话框之"完成该向导"，里面有将要执行的操作信息，单击"完成"按钮，系统将开始执行数据的导出操作。

图 16-17　"SQL Server 导入和导出向导"对话框之"完成该向导"

⑨系统执行导入操作成功后，会弹出"SQL Server 导入和导出向导"对话框之"执行成功"，如图 16-18 所示，系统会将各种操作以及操作的状态显示在该对话框中。

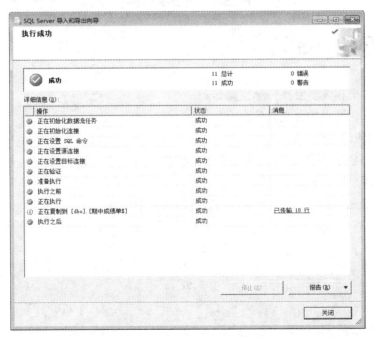

图 16-18　"SQL Server 导入和导出向导"对话框之"执行成功"

⑩各种操作完成后，再次连接到相应的 Microsoft SQL Server 数据库引擎实例，在对象资源管理器中，单击服务器名称以展开服务器树。展开"数据库"，选择用户数据库 students，展开表，刷新后会看到 Excel 中的表已经导入成功。编辑表中行，可看到查询对话框中显示了原始 Excel 表中的数据已经保存到 students 数据库中，如图 16-19 所示。

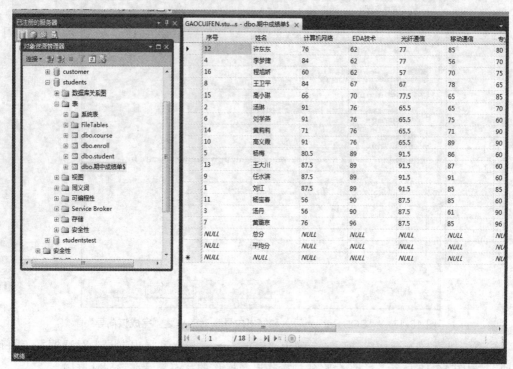

图 16-19 查看导入数据

16.4 思考与练习

1. 数据库备份和恢复要执行哪些操作？
2. 数据导入、导出的含义是什么？
3. SSTS 的作用是什么？
4. 创建两个磁盘备份设备 BAK_f 和 BAK_d，将 students 数据库的完全备份和差异备份分别放到这两个设备上。
5. 删除 students 数据库，对第 4 题的数据库备份予以恢复。

17　实验 11：数据库的安全性

17.1　实验目的

(1) 掌握 SQL Server 2012 中登录名的创建和配置、登录名与数据库用户的映射。

(2) 掌握 SQL Server 2012 中数据库用户权限的设置方法。

(3) 掌握 SQL Server 2012 中角色的创建和授权，以及给用户授予角色。

17.2　实验内容

实验前提：当前系统中有一个 Windows 用户，用户名为 Administrator。

(1) 为数据库 students 创建一个登录名 Administrator，该用户以混合模式登录 SQL Server，登录密码为 sqlserveradmin。

(2) 对登录名 Administrator 进行基本设置，要求能够连接到服务器，默认启动数据库为 students。同时进行用户的映射，映射到 OS 用户并给予登录账号 Administrator。

(3) 对数据库 students 中的用户 Administrator 进行权限设置。要求对 student 表拥有插入、更新、删除、选择的操作权限，对 course 表拥有插入、更新操作权限，以及对 enroll 表拥有选择操作权限。

(4) 在数据库 students 中创建一个新的数据库角色 adminrole，授予其选择 course 表的权限，并将该权限授予 Administrator 用户。

通过 SQL Server Management Studio 实现以上管理功能。

17.3　实验步骤

创建 SQL Server 登录名，并进行用户映射。

①连接到相应的 Microsoft SQL Server 数据库引擎实例之后，在对象资源管理器中，展开要在其中创建新登录名的服务器实例的文件夹。右键单击"安全性"文件夹,指向"新建"，然后选择"登录（L）..."，如图 17-1 所示。

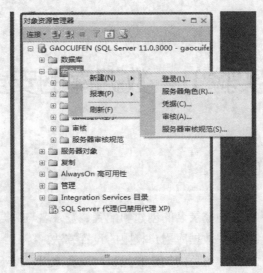

图 17-1　新建登录菜单项

②在弹出的"登录名 - 新建"对话框中进行登录名设置，如图 17-2 所示。在"常规"页的"登录名"文本框中输入用户的名称"Administrator"。

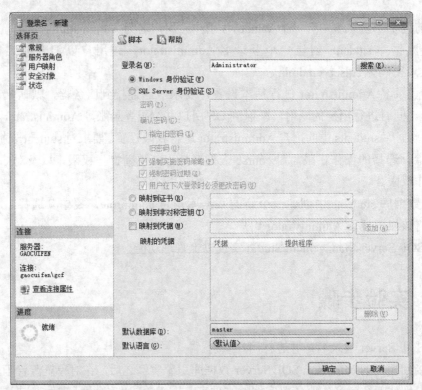

图 17-2　"登录名 - 新建"对话框

或者，单击"搜索（E）..."按钮打开"选择用户或组"对话框，如图 17-3 所示。在"选择此对象类型"下，默认选中"用户或内置安全主体"。在"查找位置"下，默认选择当前服务器名位置"GAOCUIFEN"。

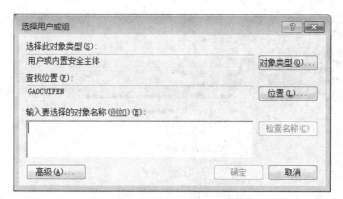

图 17-3　"选择用户或组"对话框 1

在"输入要选择的对象名称（例如）"下，单击"高级（A）..."按钮，以显示更多高级搜索选项，如图 17-4 所示。单击"立即查找"按钮，在"搜索结果"中选择用户"Administrator"，然后单击"确定"按钮，回到"登录名 - 新建"对话框。

图 17-4　"选择用户或组"对话框之高级选项

要创建一个保存在 SQL Server 数据库中的登录名，选中"SQL Server 身份验证"。在"密码"文本框中输入新用户的密码"sqlserveradmin"，在"确认密码"文本框中再次输入该密码，并选择"强制实施密码策略""强制密码过期"两个选项。从"默认数据库"下拉列表中选择登录名的默认数据库"students"，如图 17-5 所示。

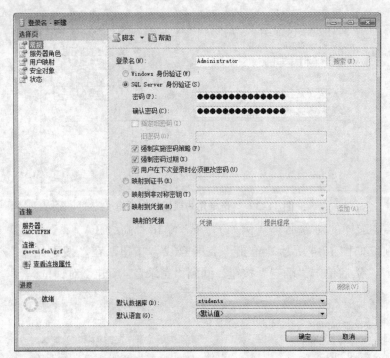

图 17-5　新建 SQL Server 登录名

③由于用户是数据库级别安全主体，因此登录名必须映射到数据库用户才能连接到数据库。在"登录名 - 新建"对话框的"用户映射"页中进行用户映射，如图 17-6 所示。选中数据库"students"，"用户"中会默认出现"Administrator"。也可输入其他已存在用户名。

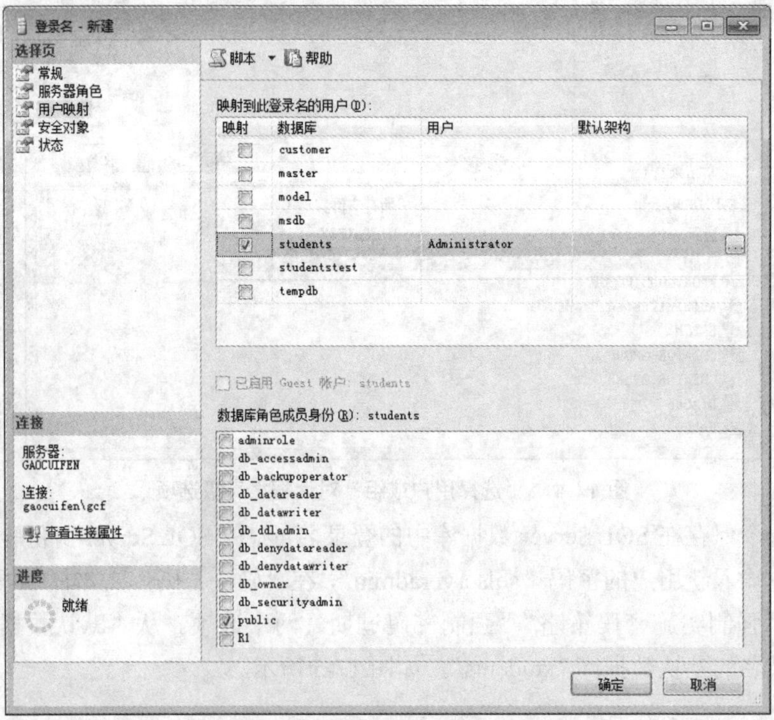

图 17-6　新建登录名——用户映射

在"登录名 - 新建"对话框的"状态"页中进行设置，如图 17-7 所示。授予其连接到数据库引擎的权限，在"登录"下选择"已启用"。设置完毕后，单击"确定"按钮。

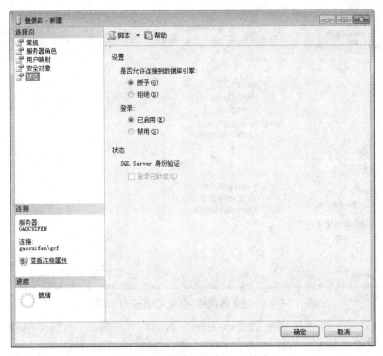

图 17-7　新建登录名——状态

④在对象资源管理器中，选中服务器实例名"GAOCUIFEN"，在右键菜单中单击"属性"命令，如图 17-8 所示。

图 17-8　服务器实例属性菜单项

在弹出的"服务器属性 -GAOCUIFEN"对话框中，在"服务器身份验证"选项下单击"SQLServer 和 Windows 身份验证模式"，即混合登录模式，如图 17-9 所示。设置完毕后，单击"确定"按钮。

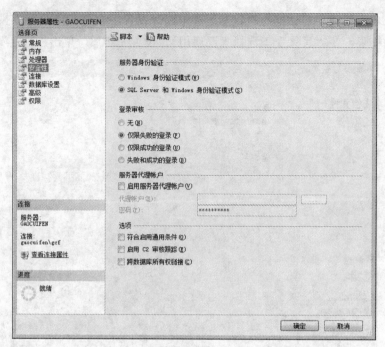

图 17-9 "服务器属性 -GAOCUIFEN" 对话框

此时，选中对象资源管理器中的"students"数据库，右击，在右键菜单中选择"属性"。在弹出的"数据库属性 -students"对话框中，在"权限"页的"用户或角色"列表框下有 Administrator 用户信息，如图 17-10 所示。选中 Administrator 用户，可以查看该用户对于"students"数据库的操作权限。当前只有连接权限，且当前权限非常简单。

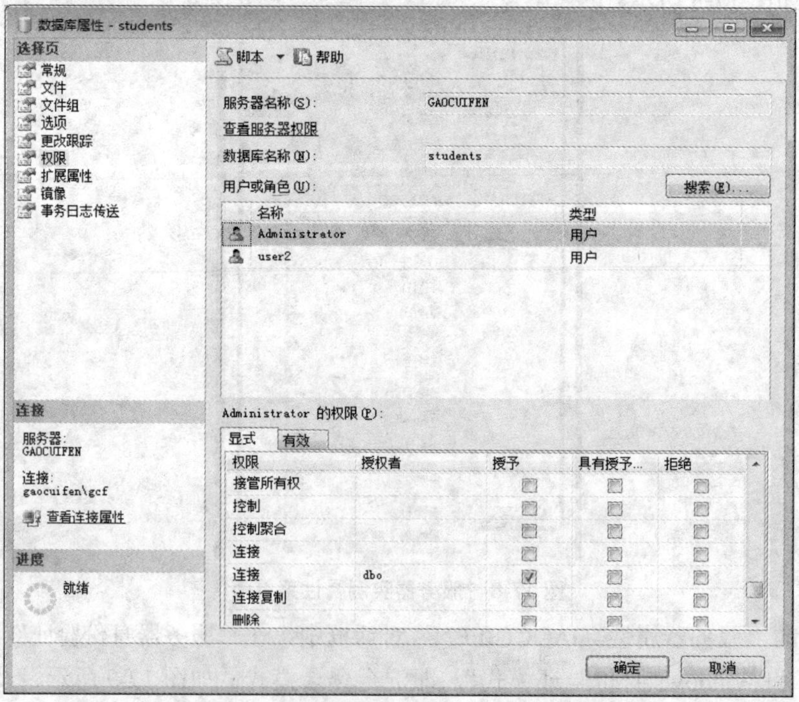

图 17-10 "数据库属性 -students" 对话框

⑤重启 DBMS，以 Administrator 用户登录，如图 17-11 所示。连接到 SQL Server Management Studio 后，发现能够连接到数据库，但是展开"students"数据库后，看不到自定义的各种信息，如图 17-12 所示。

图 17-11　"连接到服务器"对话框　　　　　图 17-12　对象资源管理器

⑥由于 Administrator 用户的权限过少，因此需要给其授予更多的操作权限。重启 SQL Server 2012，并以管理员身份登录。在对象资源管理器中，展开服务器实例的文件夹。展开"students"数据库，选中"abo.course"表，右击，在右键菜单中选择"属性"，如图 17-13 所示。

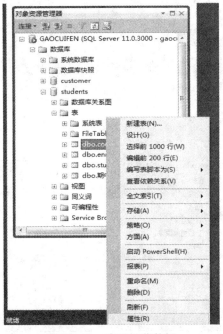

图 17-13　表属性菜单项

⑦在弹出的"表属性"对话框中，在"用户或角色"栏上，单击"搜索"按钮，弹出"选择用户或角色"对话框，如图 17-14 所示，在其中输入对象名称"[Administrator]"，或

者单击"浏览"按钮,弹出"查找对象"对话框,如图 17-15 所示,在里面选中"[Administrator]"用户,然后单击"确定"按钮,回到"表属性 -course"对话框。

图 17-14 "选择用户或角色"对话框 1   图 17-15 "查找对象"对话框 1

在"表属性 -course"对话框的"用户或角色"中,单击刚刚添加的用户"Administrator",然后在下面的"Administrator 的权限"中,依据要求选中"更新"和"插入"两个权限,如图 17-16 所示。设置完成后单击"确定"按钮退出。

与 course 表授予权限一样操作,分别将 student 表的插入、更新、删除、选择操作权限和 enroll 表的选择操作权限授予 Administrator 用户,如图 17-17 和图 17-18 所示。

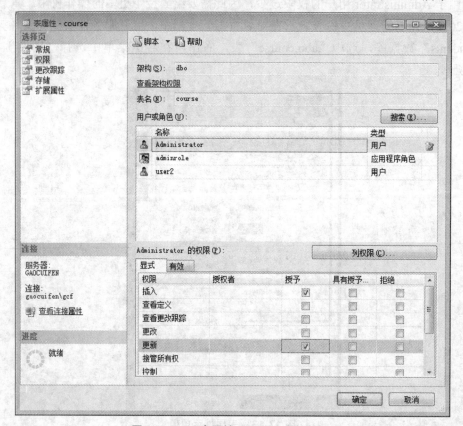

图 17-16 "表属性 -course"对话框 1

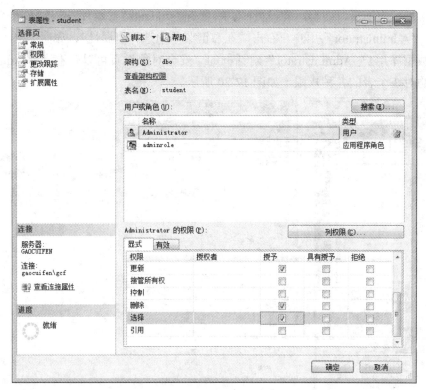

图 17-17　"表属性 -student"对话框

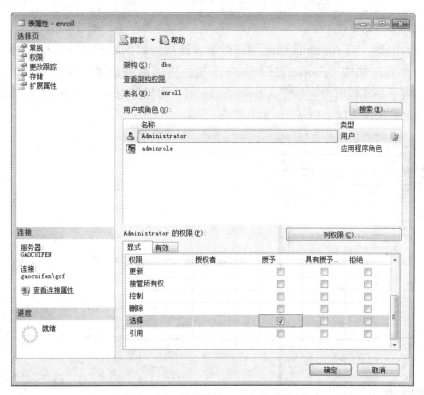

图 17-18　"表属性 -enroll"对话框

⑧权限授予完毕后,在对象资源管理器中,展开"students"数据库,展开"安全性"→"用户",选择"Administrator"用户,右击,在右键菜单中选择"属性",如图 17-19 所示,在弹出的"数据库用户 -Administrator"对话框的"安全对象"页可以查看当前 Administrator 用户拥有的对 3 个表的各种权限,如图 17-20 所示。

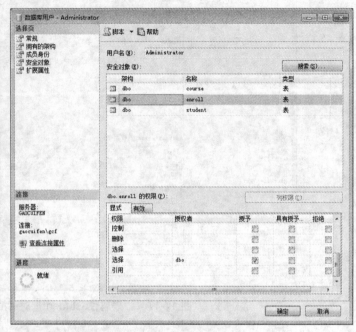

图 17-19 用户属性菜单项   图 17-20 数据库用户 -Administrator

⑨重启 DBMS,以 Administrator 用户登录,连接到数据库后展开"students"数据库,能够看到 3 个表。选中"course 表",右击,在快捷菜单中选择"编辑前 200 行",如图 17-21 所示。由于在授权时没有授予 Administrator 用户选择行的权限,因此,此时系统会报错,提示权限不足,如图 17-22 所示。

图 17-21 "表编辑行"菜单   图 17-22 "SQL 执行错误"对话框

⑩重启 SQL Server 2012，并以管理员身份登录。在对象资源管理器中，展开"students"
数据库，展开"安全性"→"角色"→"数据库角色"，右击，在快捷菜单中选择"新建
数据库角色"，如图 17-23 所示，在弹出的"数据库角色 - 新建"对话框的"角色名称"文
本框中输入新的角色名字"adminrole"，如图 17-24 所示，然后单击"确定"按钮。

图 17-23 "新建数据库角色"菜单项　　　　图 17-24 "数据库角色 - 新建"对话框

⑪重复步骤⑥、⑦的操作，选择 course 表，在"用户或角色"栏上，单击"搜索"按钮，
弹出"选择用户或角色"对话框，如图 17-25 所示，在该对话框的"输入要选择的对象名称
（示例）"文本框中输入对象名称"[adminrole]"，或者单击"浏览"按钮，弹出"查找对象"
对话框，如图 17-26 所示，在里面选中"[adminrole]"角色。然后单击"确定"按钮，回到"表
属性 -course"对话框。

图 17-25 "选择用户或角色"对话框 2　　　　图 17-26 "查找对象"对话框 2

在"表属性 -course"对话框的"用户或角色"中，单击刚刚添加的角色"adminrole"，
然后在"adminrole 的权限"下，依据要求选中"选择"权限，如图 17-27 所示。设置完成
后单击"确定"按钮退出。

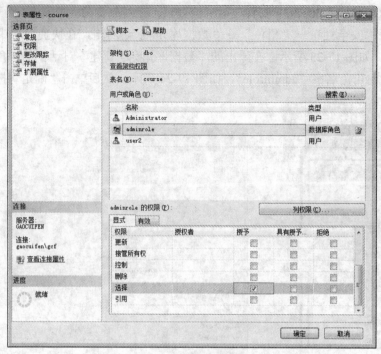

图 17-27 "表属性 -course" 对话框 2

⑫在对象资源管理器中，展开"students"数据库，展开"安全性"→"角色"→"数据库角色"，单击刚建立的角色 adminrole，右击，在快捷菜单中选择"属性"，如图 17-28 所示。

在图 17-24"数据库角色 - 新建"对话框的"角色成员"中，单击"添加"按钮，在弹出的"选择数据库用户或角色"对话框中输入对象名称 Administrator，如图 17-29 所示。或者单击"浏览"按钮，弹出"查找对象"对话框，如图 17-30 所示，在里面选中"[Administrator]"用户，然后单击"确定"按钮。在弹出的"数据库角色属性 -adminrole"对话框中，可以看到 Administrator 用户已经成为 adminrole 角色的成员，即具有了adminrole 角色的权限，如图 17-31 所示。

图 17-28 adminrole 角色属性菜单项

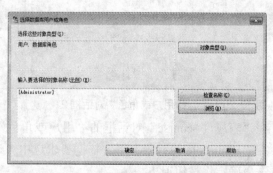

图 17-29 "选择数据库用户或角色"对话框

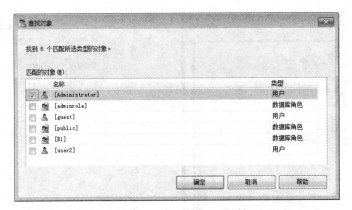

图 17-30 "查找对象"对话框 3

图 17-31 "数据库角色属性 -adminrole"对话框

⑬重复步骤⑨的操作，重启 DBMS，以 Administrator 用户登录，连接到数据库后展开"students"数据库，选中"course 表"，右击，在快捷菜单中选择"选择前 100 行"，可以正常查看表中数据，如图 17-32 所示。

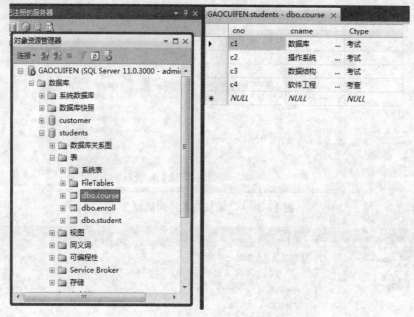

图 17-32　查看 course 表中数据

17.4　思考与练习

1. 如何创建 SQL Server 的登录名？
2. 固定服务器角色分为哪几类？每类有哪些权限？
3. 固定数据库角色分为哪几类？每类有哪些操作权限？
4. 服务器登录、服务器角色和数据库用户、数据库角色的区别和联系是什么？
5. 以管理员身份设置一个 SQL Server 身份验证的用户：登录名为"班导"，密码为"abc888"，在 students 数据库中的用户名为"bd1"，权限有 3 个：

(1) 固定数据库角色——数据库数据读取者：可查询本数据库的所有表、视图、内嵌表值函数的数据，可执行所有存储过程。

(2) 可创建视图。

(3) 可对 student 表进行查询和修改。

18 实验12：配置数据源——DNS

18.1 实验目的

(1) 学会创建和配置数据源——DNS。
(2) 了解 ODBC 应用程序和数据源的连接。

18.2 实验内容

配置数据源与数据库 students 的连接。

18.3 实验步骤

创建数据源——DNS。

①在"控制面板"的"管理工具"下双击"数据库（ODBC）"选项，弹出"ODBC 数据源管理器"对话框，如图 18-1 所示。

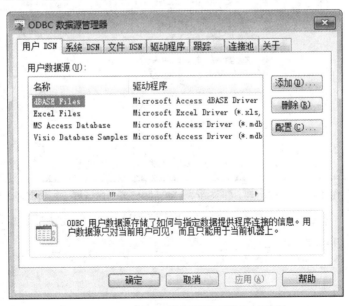

图 18-1　"ODBC 数据源管理器"对话框

②单击"添加"按钮，弹出"创建新数据源"对话框，如图 18-2 所示。

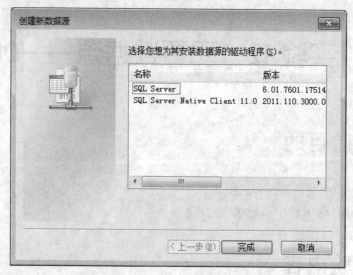

图 18-2 "创建新数据源"对话框

③在图 18-2 的驱动程序列表下选中"SQL Server"，单击"完成"按钮。弹出"创建到 SQL Server 的新数据源"对话框，如图 18-3 所示。在"名称"文本框中键入数据源名称"SQL_student"。在"服务器"下拉列表框中输入或选择想要连接的 SQL Server 服务器名称"GAOCUIFEN"，单击"下一步"按钮。

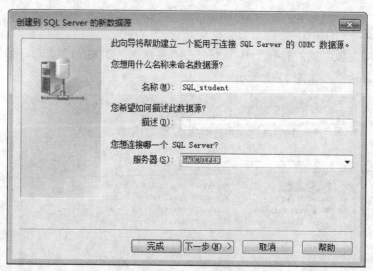

图 18-3 "创建到 SQL Server 的新数据源"对话框——数据源

④在弹出的"创建到 SQL Server 的新数据源"对话框中，选择登录账户的身份验证方式，如图 18-4 所示。

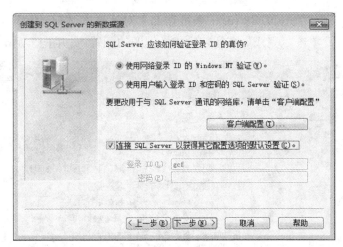

图 18-4 "创建到 SQL Server 的新数据源"对话框——验证登录

⑤单击"客户端配置"按钮,弹出"添加网络库配置"对话框,如图 18-5 所示。在"添加网络库配置"对话框中,选中"TCP/IP(T)"单选钮,其他选项默认即可。单击"确定"按钮,返回到图 18-4 所示的对话框。

图 18-5 "添加网络库配置"对话框

⑥在图 18-4 所示的对话框中单击"下一步"按钮,弹出"创建到 SQL Server 的新数据源"对话框。选中"更改默认的数据库为"复选框,并在下拉列表框中键入"students",或选择"students",单击"下一步"按钮,如图 18-6 所示。

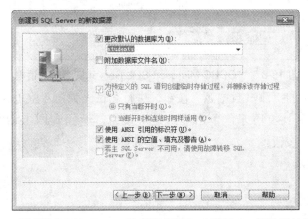

图 18-6 "创建到 SQL Server 的新数据源"对话框——更改默认的数据库

⑦在弹出的"创建到 SQL Server 的新数据源"对话框中进行语言、字符数等的设置，这里保持默认设置，单击"完成"按钮，完成数据源的配置，如图 18-7 所示。

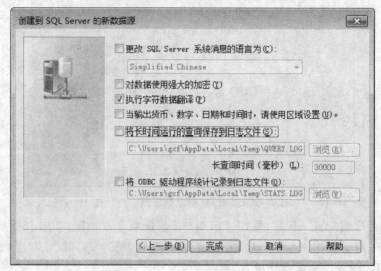

图 18-7 "创建到 SQL Server 的新数据源"对话框——完成

⑧弹出"ODBC Microsoft SQL Server 安装"对话框，如图 18-8 所示。

图 18-8 "ODBC Microsoft SQL Server 安装"对话框

⑨单击图 18-8 中的"测试数据源"按钮，进行测试，弹出"SQL Server ODBC 数据源测试"对话框，如图 18-9 所示，单击"确定"按钮，返回到图 18-8 所示对话框。单击图 18-8 中的"确定"按钮。

图 18-9 "SQL Server ODBC 数据源测试"对话框

18.4 思考与练习

1. 在配置过程中，有时在服务器的下拉列表框中找不到服务器，如何查找服务器名称？

2. 如何实现 VB 与数据源的连接？

参 考 文 献

[1] 李春葆，曾慧 . 数据库原理习题与解析 [M]. 3 版 . 北京：清华大学出版社，2006.

[2] 赵永霞 . 数据库系统原理与应用——习题与实验指导 [M]. 2 版 . 武汉：武汉大学出版社，2008.